KB177023

불 물 흙 공기

불, 물, 흙, 공기 4원소가 빚어내는
생명체 지구의 기후 변화와
지각 변동의 신비

롤프 에메만 · 라인홀트 올리히 엮음
장혜경 옮김

해나무

Feuer, Wasser, Erde, Luft
by Rolf Emmermann, Reinhold Ollig.

This Korean edition was published by arrangement with WILEY-VCH Verlag GmbH & Co. KGaA
through BookCosmos, Seoul Korea.

이 도서의 국립중앙도서관 출판시도서목록(CIP)은 e-CIP 홈페이지
(http://www.nl.go.kr/cip.php)에서 이용하실 수 있습니다.(CIP제어번호: CIP2007001977)

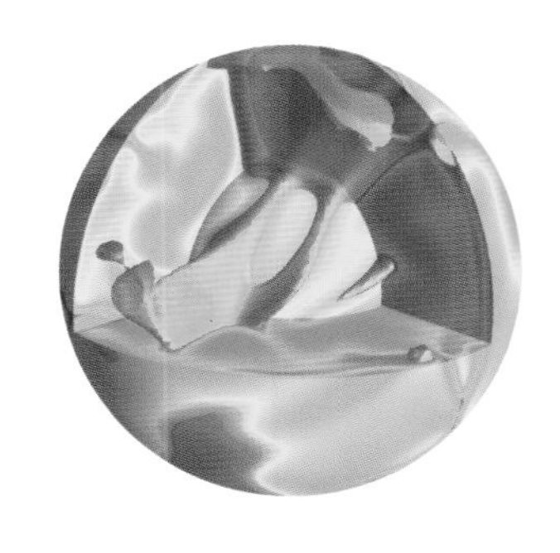

책머리에

기후 변화, 녹고 있는 빙하, 홍수, 가뭄, 지진, 화산 폭발, 물 부족, 대체 에너지 활용…… 대중매체는 온통 우리 지구의 상태에 관한 주제들로 가득하다. 어찌 보면 지구과학은 가장 화급한 문제를 다루고 있는 학문인지도 모른다. 인류의 생활공간과 자원을 지속적으로 확보하고 자연 재해를 막는 일은 21세기 인류가 당면한 가장 중요한 문제 중 하나이기 때문이다.

이 책은 연방 교육연구부 장관이 후원한 '지구, 지구과학의 해' 행사의 일환으로 현대 지구과학의 연구 주제들을 알고 싶은 모든 사람을 대상으로 하였다. '지구, 지구과학의 해'는 2002년 한 해 동안 2500회 이상의 공식 행사를 치르면서 100만 명에 육박하는 관람객을 끌어 모은 대형 프로그램이었다. 2002년 과학자들은 과감한 실험을 감행했다. 실험실과 연구소를 박차고 나와 역으로, 시장으로, 배로, 학교로, 백화점으로 나아가 대도시의 소음 속에서 자신들의 연구 결과를 사람들에게 알렸던 것이다. 쾰른 노이마르크트의 행사 현장을 찾은 한 관람객은 방명록에 '순수하고 의미 있는 행사'였다고 적었다. 이 책 역시 그것을 목표로, 저명한 과학 전문 기자들이 국제적으로 유명한 전문가들과 협력해 누구나 이해하기 쉽게 집필하였다.

이 책은 네 가지 원소 불, 물, 흙, 공기에 따라 구성하였다. 이 네 원소 중 어느 하나도 혼자서는 존재할 수 없다. 결국 각 권의 협력이 있어야 지구계 전체가 존립할 수 있는 셈이다. 지구의 다양한 면모, 수십억 년에 이르는 변화 과정과 현재의 순환, 이 모든 것이 계속 변화하며 살아 있는 거대한 체계인 국제 지구과학자 커뮤니티의 주제이다.

이 자리를 빌려 작가 분들과 사진, 아이디어, 본문을 통해 이 책을 살찌워 주신 모든 분들께 진심으로 감사를 드린다.

롤프 에머만 교수(알프레트 베게너 재단 회장)
라인홀트 올리히(연방 교육연구부 장관)

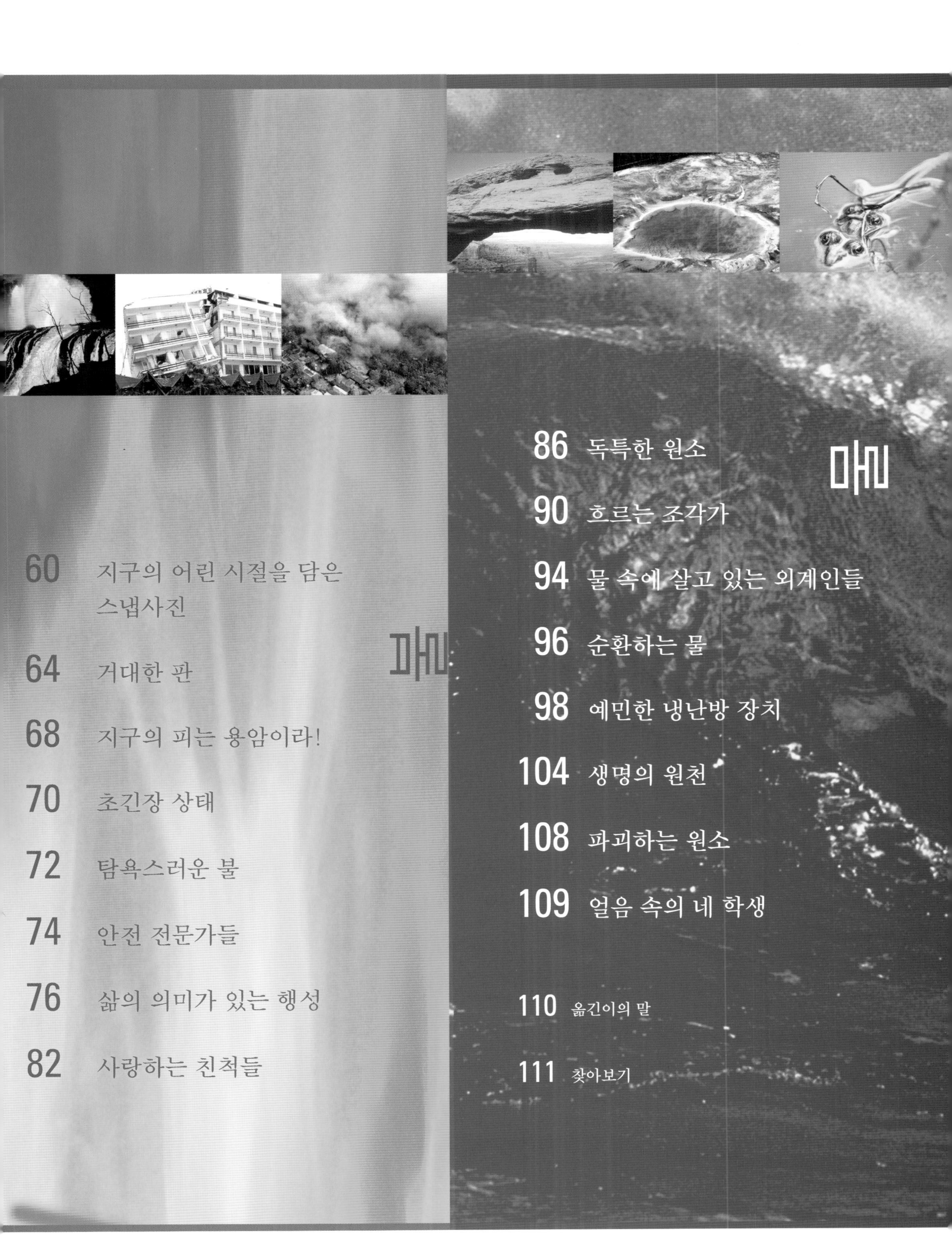

지구계

불

하와이 킬라우에아 화산에서 채취한 용암 표본. 굳은 용암과 함유 기체의 구성 성분을 분석해보면 이 화산이 얼마나 위험한지 알 수 있다.

하와이의 킬라우에아는 그나마 착한 화산 축에 든다. 용암류가 아주 천천히 산비탈을 타고 내려오고, 바깥쪽은 이미 군데군데 딱딱하게 굳었거나 딱지가 앉은 상태니까 말이다. 하지만 이 끈적거리는 용암의 내부에는 용해된 암석이 붉은 빛으로 끓고 있고, 또 흘러내리는 용암은 아무도 멈출 수 없다. 물론 이 용암은 100미터 흘러가는 데 몇 시간씩 걸리기 때문에 서두르지 않아도 피할 수 있고, 그래서 사람이 다치는 일은 거의 없다.

그에 반해 필리핀의 피나투보 화산은 훨씬 더 부글부글 끓고 있다. 일단 폭발을 하면 가루가 된 뜨거운 암석이 시속 200킬로미터 이상의 속도로 분화구에서 터져 나온다. 3~4세제곱킬로미터의 물질이 불과 몇 시간 안에 분출되는 것이다. 이때 발생한 미세 먼지는 30킬로미터 높이의 성층권까지 튀어오르기 때문에 식물과 동물은 물론, 인근에 살고 있는 사람들에게까지 막대한 피해를 입힌다.

하와이의 화산처럼 용암이 부드럽게 천천히 흘러가건, 필리핀의 화산처럼 폭발적으로 분출되건 모든 화산 활동의 원인은 지구 내부에 있는 불이다. 탄광 안에 들어가본 경험이 있는 사람이라면 알 것이다. 안으로 들어갈수록 온도가 올라가는데, 100미터당 3도가 높아진다. 그러니 루르 지방 북부처럼 1200미터 깊이의 탄광에서 일하는 광부들은 50도의 온도에 그대로 노출되는 셈이다. 게다가 신선한 공기가 전혀 유입되지 않는다. 세계에서 가장 깊은 구멍 중 하나인 오버팔츠의 대륙 심층 시추공은 깊이가 무려 9킬로미터에 이르며, 그곳의 온도는 270도라고 한다.

(위) 엄청난 폭발과 7000도의 열—태양의 표면. 지구 내부도 이와 마찬가지로 뜨겁다.

(왼쪽) 지구 내부에서는 화덕 위에 놓인 냄비처럼 뜨거운 물질은 위로 이동하고 차가운 물질은 아래로 가라앉는다. 그래픽에서는 이 차가운 물질의 흐름을 적갈색으로 표시하였다.

하지만 그 정도의 온도는 화산 속의 지옥불에 비하면 아무것도 아니다. 대부분의 용암은 온도가 1400도에 이른다. 지구 내부 깊은 곳은 그보다 더 뜨겁다. 지하 2900킬로미터, 지구 핵과의 경계선에 자리한 맨틀 하단부는 3000도에 이른다. 나아가 지구의 중심점은 온도가 5000~7000도 사이이며, 이는 태양의 표면온도와 비슷하다.

불은 어떻게 지구로 왔나

40억 년도 더 이전, 큰 불덩어리로부터 지구가 탄생했을 때 불덩어리가 천천히 냉각되면서 무거운 원소들이 지구 중심으로 가라앉았다. 이보다 가벼운 물질들은 표면으로 모여 훗날 대륙의 기초를 형성하였다. 따라서 지구 핵은 상대적으로 무게가 많이 나가는 원소인 철과 니켈로 구성되어 있다. 그런데 이들 원소들은 지구 중심에 위치하기 때문에 엄청난 압력을 받고 있다. 그 결과 지구 핵은 지옥 불처럼 온도가 뜨거워도 녹지 않고 고체로 존재한다.

맨틀의 경우 온도는 핵보다 낮지만 압력은 핵과 마찬가지로 매우 높다. 그래서 그곳의 암석들은 팽창할 수 있고 점액성의 마그마로 변할 수 있다. 이 부글부글 끓고 있는 마그마 덩어리는 계속 가열되는데, 지구 핵이 방사능 원소의 붕괴 등으로 인해 계속 열을 생산하고 있기 때문이다. 이 마그마가 움직이고 있다는 사실도 아주 중요하다. 부력에 의해 애드벌룬이 하늘로 솟아오르듯 뜨거운 마그마는 깊

대서양 중앙의 물 밑에는 거대한 산맥이 가로놓여 있다. 이름하여 중앙 대서양 해령이다. 이곳에서 두 개의 판이 갈라지고 있다는 사실은 아이슬란드, 산의 최정상(위 왼쪽)에서 확인할 수 있다. 마그마가 서서히 흐름을 멈추고 식으면 새로운 암석이 생겨난다. 다른 소에서는 무거운 태평양판이 남아메리카(왼쪽) 밑으로 가라앉으면서 심해 해구와 안데스의 위험한 화산들(위 오른쪽)이 생성된다.

은 지구 내부에서부터 차가운 지역으로 계속해서 위로 솟아오른다. 하지만 일단 차가워진 물질은 반대로 다시 위에서 아래로 가라앉는다. 화덕 위에서 끓고 있는 냄비의 내부가 이와 같을 것이다. 냄비 가운데는 뜨거운 물이 위로 솟아오르지만 냄비의 가장자리는 위로 올라온 물은 다시 차가워져서 아래로 내려간다. 냄비 안에서는 이 과정이 불과 몇 초 안에 다 일어나지만 지구 내부에서는 몇백만 년이라는 긴 세월이 걸린다. 마그마는 물에 비해 아주 천천히 움직이기 때문이다.

마그마는 엔진

화산 폭발과 지진은 바로 마그마의 이런 운동 때문에 발생한다. 즉, 마그마의 순환으로 인해 지각의 여러 판들이 서로를 향해 움직이게 되는 것이다. 대륙과 대양을 형성하고 있는 서로 다른 크기의 수많은 판들은 아직 완성되지 않은 퍼즐처럼, 지구 내부에서 거대한 바다의 표면을 떠다니고 있다. 오늘날에는 위성을 이용하여 이런 움직임들을 정확하게 측정할 수 있다. 지각에 따라 이동의 폭은 연간 2~3밀리미터에서 10센티미터에 이르기도 한다.

그런 판들이 서로 충돌하는 캘리포니아, 일본, 남아메리카 서부 해안 등지에서는 마찰로 인해 두 판이 서로 밀착된다. 하지만 두 판이 서로를 미는 압력이 커짐에 따라 접촉 지점의 내부 장력도 커지고, 그러다 언젠가 이 장력은 지진으로 방출된다. 그런 충격을 통해 방출되는 역학 에너지는 엄청나다. 수백만 톤의 암석이 불과 1초도 안 되는 짧은 시간 안에 몇 미터까지, 어떤 때는 최대 200킬로미터까지도 밀려갈 정도이다. 때문에 초속 3~4킬로미터의 속도로 퍼져 나가면서 지구 전체를 몇 바퀴씩 돌 수 있는 지진파가 생겨난다.

불이 폭발하면

화산이 폭발하면 지구의 대부분을 차지하고 있는 뜨거운 마그마를 직접 눈으로 볼 수 있다. 지구의 내장이 밖으로 노출되는 방법은, 간단히 요약하면 세 가지가 있다.

첫째, 두 개의 판이 서로 멀어지는 곳에서 계속 액체 상태의 용암이 천천히 뒤따라 흘러서 판의 가장자리에 새로운 암석물질들이 '달라붙는' 경우이다.

둘째, 액체 상태의 마그마가 맨틀에서 얇은 분출구를 따라 위로 솟아오르는 경우이다. 이때는 판 내부에서도 화산이 생겨날 수 있는데, 하와이 섬이 대표적인 예이다. 여기서는 용암이 아주 조용히 흘러나

하와이 화산 열도의 위성사진. 지구 맨틀 속 분화구 위로 태평양판이 남동쪽에서 북서쪽으로 이동하고 있다. 화산(킬라우에아)이 있는 오른쪽 섬이 가장 늦게 생성되었다.

아이슬란드의 용암. 특정 종류의 용암이 앞으로 밀려가면서 천천히 식으면 이런 모습이 된다.

온다. 이 '열점'은 항상 같은 자리에 있는데 태평양판이 움직이기 때문에 하와이 뒤쪽으로 사화산의 열도가 형성된다. 이 열도에서는 판이 움직이는 방향을 아주 수월하게 읽을 수 있다.

셋째는 가장 위험한 경우로, 남아메리카의 안데스처럼 무거운 대양판이 가벼운 대륙판 밑으로 비스듬하게 들어가는 경우로 화산이 생겨난다. 이때 가라앉는 판이 지구 내부로 물을 수송하게 되는데, 이 물이 일정한 깊이에서 암석의 성질을 급격하게 바꾸어놓는다. 그 결과 점액성의 마그마 기포가 형성되어 위로 솟아오른다. 그런 장소의 지표면에서는 안데스 산맥의 화산들과 같은 화산이 발생한다. 더구나 마그마가 위로 올라가는 도중 식어버리는 경우 치명적인 '혈전'이 형성된다. 이렇게 되면 입구는 막혀 있는데 마그마는 계속 밀고 올라오고, 결국 샴페인처럼 혈전이 하늘 높이 솟구쳐 오른다. 결과는 엄청난 폭발로 나타난다.

아이펠에는 수많은 사화산들이 있다. 깔때기 모양의 분화구(마르)는 현재 호수를 형성하고 있다.

독일에는 활화산이 없다. 하지만 오버라인탈의 카이저슈툴, 포겔스베르크, 헤가우, 지벤겐비르게, 아이펠 등지에서 옛 화산의 흔적을 찾아볼 수 있다. 모젤 강과 라인 강, 아르덴 산맥 사이에서 지질학자들은 240곳 이상의 화산과 작은 폭발 장소를 발견했고, 그 중 59곳은 깔때기 모양의 화산 분화구인 마르이다. 벽으로 둘러싸여 있는 이 깔때기 모양의 분화구에는 대부분 물이 차 있다. 아이펠 마르는 직경이 1.7킬로미터에 이르며 깊이는 180미터에 달한다. 아이펠에서 가장 큰 라허 호는 1만 2600년 전의 화산 폭발로 생겨났다. 현재 아이펠은 사화산이지만 최근 연구결과, 이 산에도 아직 엄청난 양의 뜨거운 마그마가 숨어 있다는 사실이 밝혀졌다.

흙

(위) 키르기스스탄의 산들
(오른쪽) 지구의 중력장은 균일하지가 않다. 1만 5천 배 확대해서 보면 마치 감자 같다.

(왼쪽) 남극의 봄, 지상에서 약 25킬로미터 상공의 오존 구멍. 전 세계적으로 오존의 양이 줄어들고 있다. 하지만 지역에 따라, 또 계절에 따라 그 차이가 아주 심하다.

(위) 지구과학은 힘든 육체노동을 의미한다. 독일 연구선 메테오르 호에 탑승한 학자들이 파도와 싸우고 있다. 이들은 플랑크톤을 통한 영양소의 이동을 연구 중이다.

를 방해하기도 한다. 학자들은 바다 깊이에 따른 온도와 소금 함량을 측정하기 위해 바다 속으로 탐사기를 집어넣는다. 또 긴 강철 밧줄에 매단 무거운 철상자로 해저의 침전물을 끌어올리고, 끌어올린 즉시 갑판에서 샘플을 분석한다.

토이토부르거 발트의 열대해

세 가지 다른 장면과 지구과학의 세 가지 다른 연구 방향. 그러나 '우리의 기후는 어떠한가?'라는 의문점은 같다. 이 질문이 새로울 건 없다. 이미 150년 전부터 지구과학자들은 역사지질학 분야에서 과거의 기후 변화를 연구해왔다. 그리고 과거, 인간이 자연에 개입할 수 있기 훨씬 전부터 지상의 기후는 아주 극심한 변화를 겪었다는 결론을 내렸다. 독일 토이토부르거 발트의 구릉 지대와 북해 사이에 놓인 북부 저지가 대표적인 실례이다. 3억 년 전 카본기, 그곳에는 울창한 숲이 자라고 있었다. 그곳의 탄층은 바로 그때의 흔적이다. 5천만 년 후 그 지역엔 열대의 바다가 출렁이고 있었고, 그 바다는 두꺼운 소금층을 남겼다. 하지만 지금으로부터 1억 년 전 백악기, 그곳에서는 공룡이 풀을 뜯고 있었다. 또 2만 년 전에는 오늘날의 그린란드와 상당히 유사하였다. 빙하기 동안 그곳이 두꺼운 얼음으로 뒤덮여 있었기 때문이다.

이런 더딘 변화에는 수많은 자연적 원인이 있다. 예

를 들어 태양 광선이 점차 약해지면 지표면의 온도도 떨어진다. 이것은 거의 알아채지 못할 정도로 느린 과정이다. 그에 반해 거대한 유성의 추락은 갑작스러운 대재앙이다. 유성이 떨어지면서 엄청난 양의 먼지가 일어나고, 그 결과 수천 년 동안 기온이 떨어진다. 6500만 년 전 공룡이 멸종한 이유도 바로 그런 추락 사건으로 인한 기후 변화 때문이었다.

판구조는 수백만 년에 걸쳐 대륙들의 기후대를 바꿀 수 있으며, 강력한 화산 폭발은 엄청난 양의 화산재를 대기 중으로 날려 보내 지구를 냉각시킨다. 심지어 거대한 산맥의 탄생도 기후에 큰 영향을 미친다. 3천만 년 전 히말라야에 습곡이 형성되면서 고온다습한 인도의 공기는 더 이상 지금의 중국 땅으로 들어갈 수 없게 되었다.

대기 중에서도 똑같은 결과를 초래한다는 사실이다. 이산화탄소는 열복사를 흡수하는 성질이 있는데, 특히 태양으로 인해 지구의 온도가 올라간 이후 지구에서 반사되는 파장의 일부를 흡수해버린다. 다시 말해 이산화탄소가 온실의 유리창 같은 역할을 하여 태양으로부터 들어오는 짧은 파장의 광선은 통과시키지만 지구에서 방출하는 적외선은 흡수해버리는 것이다.

이런 현상이 어떤 결과를 낳을까? 문제는 바로 그것이다. 엄청난 양의 배기가스로 인해 열대기후가 되진 않을까? 극지방의 빙하가 녹아 낮은 섬들이 물 속에 가라앉고 비옥한 옥토가 황무지로 변하지는 않을까? 아니면 인간이 자초한 이산화탄소 함량의 증가는 수많은 자연 현상의 복잡한 상호 작용을 고려할 때 큰 영향력 없는 단지 사소한 실수에 불과한 걸까?

(위) 하와이 마우나로아의 관측소는 지난 1950년대 중반부터 꾸준히 기후 변화를 추적하고 대기의 구성 성분을 측정하고 있다.

(위 오른쪽) 지금은 물이 흐르고 숲이 울창한 지역도 불과 몇천 년 후에 혹한기가 닥친다면 두꺼운 얼음으로 뒤덮일 수 있다.

공기 중엔 뭐가 있나?

1957년 이후부터는 자연과 상관없는 원인들도 있다는 사실을 모두가 알게 되었다. 당시 미국의 화학자인 데이비드 킬링(David Keeling)이 처음엔 남극에, 그다음엔 마우나로아의 기상대에 신종 측정기를 설치하였다. 대기 중 이산화탄소 함량을 몇 분 간격으로 자동 측정하는 기계였다. 대기의 주요 구성 성분인 질소 및 산소와 비교할 때 이산화탄소의 함량은 미량에 불과하지만 킬링의 기계는 정확한 이산화탄소 수치를 제공하였다. 그 결과 오늘날의 학자들은 50년 전에 비해 마우나로아의 대기에 이산화탄소의 함량이 18퍼센트 증가했다는 사실을 알고 있다. 원인은 자동차, 가정 난방, 공장에서 석탄, 석유, 천연가스, 벤진을 연소시키기 때문이다. 문제는 마우나로아에 설치된 측정기에서도 그러하듯 이산화탄소가

세상 만물은 서로 관련이 있게 마련이니 문제가 그리 간단하지는 않다. 이산화탄소 이외에 물도 큰 역할을 한다. 대기 중 수증기 역시 이산화탄소처럼 열복사를 흡수하고, 그렇게 섭취한 에너지로 대기의 온도를 높인다. 하지만 또 한편으로 대양은 거대한 이산화탄소의 저장고이다. 해마다 지구 상에서 새롭게 생성되는 이산화탄소의 50퍼센트를 플랑크톤을 비롯한 대양의 미생물들이 흡수한다. 이 유기체들이 죽어 미립자가 되어서 바다 밑으로 가라앉으면 온실효과는 상대적으로 줄어든다. 하지만 이 플랑크톤들을 박테리아가 분해하는 과정에서 이산화탄소는 다시 '방출'되어 대기 중으로 올라간다.

변덕스러운 날씨

연구결과 과거 지구의 기후는 우리의 예상보다 훨

씬 변화무쌍했다. 오랜 세월 동안 사람들은 기후의 변화가 수백 년 또는 수천 년에 걸쳐 느리고 꾸준하게 진행되었다고 생각해왔다. 하지만 지금처럼 기후가 안정된 건 불과 1만 년 전의 일이다. 1만 년 전 빙하기가 끝날 무렵에도 기후가 극도로 '변덕스러운' 시기가 있었다. 마치 지구가 빙하기와 간빙기 중 어떤 쪽을 선택할지 몰라 고심을 하고 있었던 것처럼 말이다. 당시 북반구의 평균 온도는 몇 년 만에 7도까지 변하기도 했다.

이런 과학적 인식은 그린란드의 영구빙에서 연구 활동 중인 극지방과학자들, 하와이의 대기를 분석하고 있는 대기화학자들, 남대서양 연구선에서 연구 중인 해양학자들, 그 밖의 수많은 지구과학자들의 부단한 노력 덕분이다. 다양한 분야의 연구결과가 결합되어야만 기후의 역사에 대한 현실적 이미지를 얻을 수 있다. 그리고 과거의 기후를 알고 모델을 만들어 계산을 할 수 있어야만 그 모델을 기반으로 미래의 기후를 예측할 수 있다.

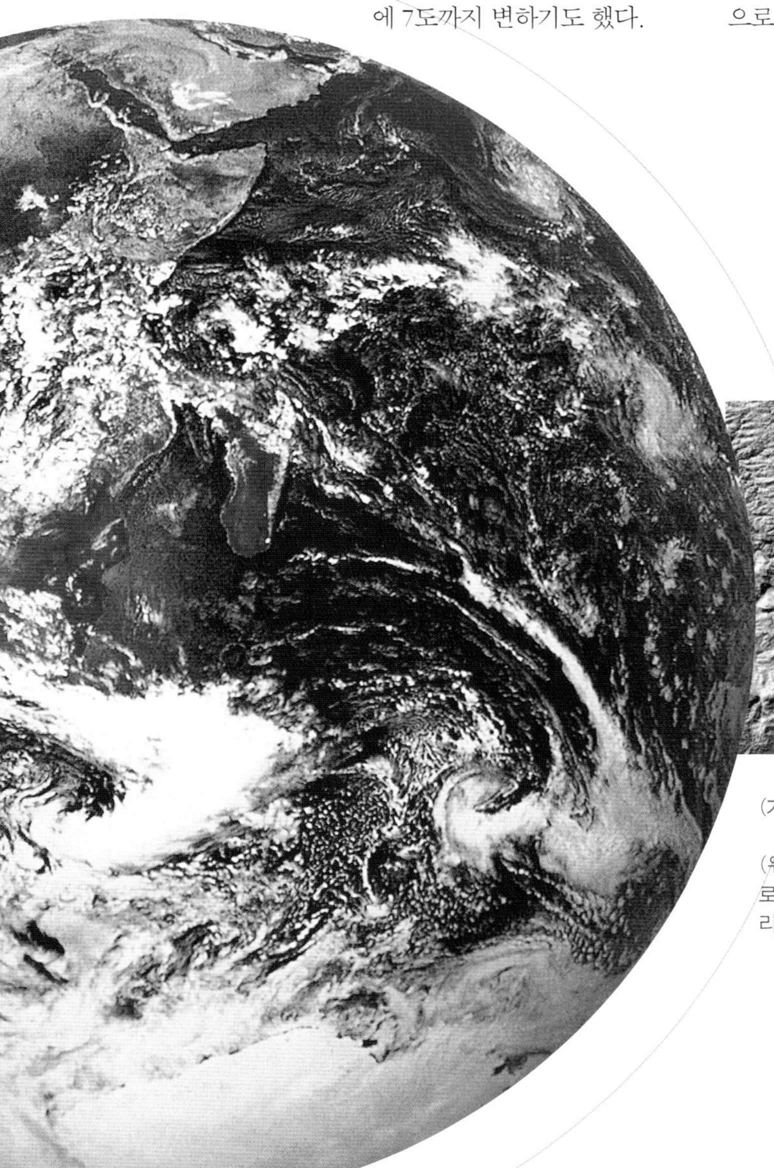

(가운데) 지구의 대기는 하얀 수증기의 아지랑이, 즉 구름으로 덮여 있다.

(위) 뇌르트링거 리스에 있는 유성 충돌로 생긴 분화구의 위성사진(지름 약 25킬로미터). 그런 엄청난 충돌은 매우 드물다. 대부분의 유성은 지구 대기권에서 타버리기 때문이다.

지구와 더불어 산다

천연자원의 보고를 발견하거나 굴을 팔 때 지구과학자들이 함께하는 것은 당연하다. 또 지열에너지 활동 연구에도 지구과학자들의 전문 지식은 큰 도움이 된다. 하지만 건축 규정이나 주택보험 가격을 정하는 것과 지구과학이 무슨 관계가 있을까?

지진 연구는 지구과학의 가장 중요한 분야 중 하나이다. 전문가들은 측정기를 들고 남아메리카건 터키건 지구가 흔들리거나 떨고 있는 곳이면 어디든 달려간다. 이런 연구의 결과는 주택보험 산정 및 재난 예방 계획의 기초가 된다. 상대적으로 지진이 적은 지역에서도 마찬가지이다. 건축기술자들은 지진 연구를 통해 지진에도 안전한 건물을 지으려면 어떤 대지가 적당한지를 판단한다.

또 지구과학자들은 지구의 측량에도 한몫한다. 지구를 도는 인공위성을 통해 지구 인력의 변화를 파악하여, 이런 자료를 바탕으로 전 세계적인 표준 0 높이, 즉 지오이드(geoid)를 계산한다. 지오이드는 항공 교통 및 조수 측정의 기초가 되는 세계적 표준값이다. 또한 위성 자료는 지구 내부의 변화와 물질 이동에 대한 상세한 정보를 시추보다 더 정확하게 알려줄 수 있다.

지구과학자들은 지구의 중심에서부터 우주의 자기장에 이르기까지 지구계의 연관 관계와 과정을 이해하려 노력하고 있다. 인간은 지구에 어떤 영향을 미치고 있을까? 자연은 어떻게 변하고 있는가? 이러한 질문에 대한 대답은 지구를 앞으로도 살기 좋은 별로 보호하고 유지할 수 있는 가능성을 열어줄 것이다.

장마. 보르네오의 우마 다로에서 무릎까지 빠지는 진창에 판자다리를 걸쳐 놓았다. 장마가 져야 쌀농사가 풍년이 되기 때문에 발이 젖어도 즐겁기만 하다. (사진 Reinhard Eisele)

이오네(왼쪽)와 키르스텐(오른쪽)이 합쳐져 하나의 '볼루테'가 되었다. 두 개의 허리케인이 사이좋게 교류하는 이런 드문 현상을 두고 후지와라 효과라고 부른다. (사진 NOAA)

토네이도는 지나가는 길목마다 모든 것을 파괴해버린다. (사진 PHOTODISC)

는 찬 공기보다 가볍기 때문에 위로 올라가며, 식으면 다시 내려온다. 이런 단조로운 현상이 전부라면 날씨에 대해 아무도 이러쿵저러쿵 말하지 않을 것이다. 더워진 공기는 상승한 후 극지방 쪽으로 흘러가 거기서 하강하고 지표면에 도착하여 간단한 순환을 거쳐 다시 출발지점으로 돌아갈 테니까 말이다.

> 순환 방법

하지만 지축이 기울어져 있기 때문에 태양에너지가 때로는 북반구에, 때로는 남반구에 더 많이 쏟아지게 되고, 따라서 계절이 생긴다. 또 지구는 자기 축을 중심으로 우주에서 북극을 내려다보면 시계 반대 방향으로 돌고 있다. 그래서 복잡한 현상을 만들어낸다.

지표면의 한 지점과 그 지점 상공의 공기가 지축을 중심으로 돌아가는 속도는 극지방으로 갈수록 줄어든다. 이유는 극지방으로 갈수록 돌아가는 궤도가 점점 작아지기 때문이다(그래서 북극과 남극에서는 계속 제자리에서 돌고 있다). 따라서 적도에서 극지방 쪽으로 흐르는 공기는 회전속도가 점점 작은 지역에 도달한다. 하지만 공기 자체는 아직도 속도가 더 빠른 회전속도에 떠밀리고 있기 때문에 지구 자전을 앞질러 동쪽으로 달려간다. 반대 방향(즉 극지방에서 적도 방향)으로 흐르는 경우는 지구 자전보다 속도가 늦다. 두 경우 공기는 관성(코리올리 힘)으로 인해 원래 궤도를 벗어나 북반구에서는 항상 오른쪽으로, 남반구에서는 왼쪽으로 휘어진다.

적도와 위도 30도 사이에서 부는 무역

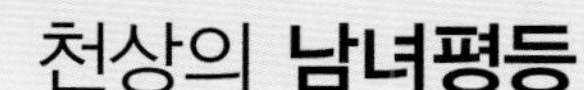

천상의 남녀평등

그동안 독일에서는 고기압대에는 남성의 이름을, 저기압대에는 여성의 이름을 붙여왔다. 하지만 독일의 경우 저기압대가 나쁜 날씨로 연결되는 것이 보통이기 때문에 90년대 들어 여성단체의 항의가 쏟아졌다.

결국 1999년, 남성 고압대의 보루가 무너졌다. 고기압과 저기압이 1년에 한 번씩 돌아가면서 성을 바꾸기로 한 것이다. 2002년은 저기압이 여성, 고기압이 남성인 해였다.

석판화, 1850년경. 이 다양한 '대기 현상'을 불러온 주요 원인은 언덕 뒤에 숨어 있다. 바로 태양이다. (출처 ABC Antiquariat, Zürich)

풍도 이런 방식으로 생겨난다. 적도 근처에서 상승하여 더 높은 위도로 불어가는 따뜻한 바람은 동쪽으로 방향을 돌린다. 북동쪽으로 흐르는 이 고산대기, 즉 반무역풍은 위도 약 30도 지점에서 지표면으로 하강하며, 이번에는 서쪽으로 방향을 틀어 북동 무역풍이 되어 적도로 돌아간다.

날씨가 변화무쌍한 또 다른 이유는 지구 표면의 구성이 대륙, 바다, 산, 평지, 식물이 자라는 지역, 황무지, 얼음으로 뒤덮인 지역 등 고르지 않기 때문이다. 따라서 지표면은 상태에 따라 햇빛을 흡수하는 양이 다르다. 지구의 71퍼센트를 차지하는 대양은 햇빛을 가장 많이 흡수하고 가장 적게, 즉 4~10퍼센트 정도만 반사한다. 반면 눈으로 덮인 지역은 빛의 40~80퍼센트를 반사시켜 버린다. 땅이 상대적으로 빨리 데워지고 빨리 식는 반면, 대양은 천천히 데워지고 천천히 식는 아주 효과적인 열 저장고인 것이다.

천상의 증기기관

수증기는 직접적인 열 방출 이외에도 또 다른 중요한 역할을 맡고 있다. 수증기의 분자에는 에너지가 가득 들어 있다. 1그램의 물이 기체로 변하려면 같은 양의 물을 0도에서 100도로 가열하는 데 필요한 에너지의 여섯 배가 필요하다. 이 에너지는 수증기가 응축되면 다시 방출되는데, 그 결과 대류권에 변화가 발생한다.

공기 중에 포함된 수분은 매우 적은 양이다. 대류권에 함유된 물의 양을 지표면 전체로 나눌 경우, 완전히 쥐어짠다 해도 각 지역당 30밀리미터의 비가 내릴 정도밖에는 안 된다. 대신 에너지가 풍부한 이 수증기는 지속적으로 추가 공급된다. 대양 한 곳에서만 연간 약 35만 세제곱킬로미터의 수분이 증발된다.

1999년 12월 26일 전복된 보트가 뤼트리의 제네바 호숫가에 버려져 있다. 허리케인 '로타르'는 중부 유럽에서 50명 이상의 인명 피해를 낳았다. (사진 DPA)

차가운 것은 계속 차갑게, 뜨거운 것은 오래도록 뜨겁게! 보온병의 이 선전 문구는 지구에도 해당된다. 얼음은 햇빛의 반사량이 많기 때문에 데워지기 힘들다. 대지와, 특히 대양은 햇빛의 상당 부분을 흡수하여 열을 저장한다. (사진 위는 GFZ-Potsdam, 아래는 AWI)

로타르와 친구들

남부 독일, 프랑스, 스위스의 많은 사람들이 1999년의 크리스마스 축제를 잊지 못할 것이다. 12월 26일 허리케인 저기압 로타르가 유례없는 괴력으로 이곳을 덮쳤기 때문이다. 돌풍은 칼스루에에서 최고 속력 시속 151킬로미터에 도달했고 바이에른의 알프스 지역에서는 시속 259킬로미터에 도달했다.

로타르는 지붕을 무너뜨리고 전신주를 뽑고 크레인을 뒤집었다. 프랑스에서는 그날 하루 동안 평소 1년 동안 벌목하는 나무의 3배가 뿌리째 뽑혔다. 바덴 뷔르템베르크 주에서는 15억 마르크에 달하는 숲이 피해를 입었다. 지난 200년 동안 단 한 번도 겪어보지 못한 자연 대재앙이었다. 스위스의 사정도 비슷했다. 폭풍으로 인한 나무 피해 조사를 시작한 1879년 이래 그 정도의 피해를 기록한 해는 없었다.

로타르는 친구까지 함께 데리고 나타났다. 이틀 후 허리케인 마틴이 뒤따라왔고, 몇 주 전에는 이미 아나톨이 북부 유럽을 휩쓸고 지나간 참이었다.

한 달 동안 엄청난 위력을 가진 폭풍이 세 차례나 찾아오다니…… 단순한 우연이었을까? 온실효과에 따른 극심한 기후 변화의 전조는 아닐까? 전문가들은 토론을 벌이고 있지만 아직까지 확실한 결론을 내리지 못했다. 지구과학자들은 기후 연구를 통해 이 질문에 대답하기 위해 노력하고 있다.

여름철 장마가 되어 지구 상의 넓은 지역에 풍작을 선사하는 바람들은 모두가 수증기를 담고 있다. 미국에서는 허리케인, 서태평양에서는 태풍, 인도양에서는 사이클론이라 부르는 무시무시한 열대의 회오리바람 역시 거대한 물의 운송기관이다.

공기가 상승하면 지표면의 기압이 떨어져 저기압 지대가 형성된다. 따라서 태양 때문에 더워진 공기가 지속적으로 상승하고 있는 적도 근처에서는 늘 저기압이 지배한다. 이를 두고 기상학자들은 적도저압대라 부른다. 차가워진 공기가 다시 낮은 층으로 가라앉으면 바닥의 기압이 높아진다. 지표면 근처의 공기층이 상대적으로 온도가 높기 때문에 가라앉은 공기는 다시 데워진다. 그 결과 공기는 다시 기체 상태가 되어 더 많은 습기를 함유할 수 있게 된다. 구름이 흩어지면 비가 올 조건이 되지 못한다. 적도저압대의 남북 양쪽에 자리한 아열대의 고압대에는 사막이 많다. 이처럼 매일매일 대기권으로 비쳐 드는 햇빛이 어떤 결과를 낳을지는 예측하기 힘들 정도로 아주 복잡한 과정인 것이다.

과학의 예언: 기상학자들의 예언은 대부분 우리의 예상보다 뛰어난 수준이다. (사진 Bilderberg, Peter Ginter)

테라플롭스급 예언가들

멕시코 동쪽 과달루페 섬의 상공에 형성된 특이한 모양의 구름. (사진 NASA)

쌘구름(적운)은 열과 습기를 높은 대기층으로 실어 나른다. (사진 IÖZ, TU Freiberg)

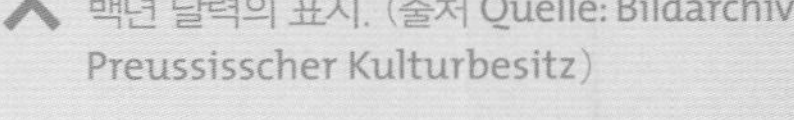

백년 달력의 표지. (출처 Quelle: Bildarchiv Preussisscher Kulturbesitz)

"다들 날씨 때문에 투덜거리면서도 막상 날씨를 바꿔보려는 엄두는 못 낸다."
마크 트웨인

여러분도 과학에 관심이 많은가? 엄청난 노고가 투입된 최신 연구결과를 가슴 두근거리며 기다려본 적이 있는가? 슈퍼컴퓨터가 전 세계에서 쉴새없이 봇물을 이루며 밀려오는 측정 자료를 바탕으로 고민을 거듭하여 만든 수학 모델에 따라 계산한 그런 결과를. 그럴 가능성이 무척 높다. TV의 일기예보는 시청자가 엄청나게 많으니까…….

옛 사람들도 내일의 날씨, 모레의 날씨, 일주일 후의 날씨가 어떨지 궁금했을 것이다. 하지만 미래의 날씨를 알려면 먼저 날씨가 어떻게 작동하는지부터 알아야 한다.

옛날 우리 조상들이 예측하기 힘든 기상 변화를 신의 변덕 탓으로 돌린 건 충분히 이해할 수 있는 일이다. 그리스의 학자들은 이미 기원전 6세기부터 날씨의 원인을 자연이라 추측했지만, 그때까지 대기 변화를 정확하게 기록할 수 있는 측정 기구가 없었기에 체계적인 연구가 불가능했다. 온도계와 기압계가 발명된 것은 17세기에 이르러서였고, 최초의 일기도가 탄생한 건 그보다 훨씬 뒤인 19세기 초였다. 그 일기도도 과거의 날씨밖에 알려주지 못했다. 일기도에 적어 넣은 기압의 수치를 우편으로 전달할 수밖에 없었기 때문이다. 전보가 발명되면서 전송 속도도 빨라졌다. 1851년 런던 세계박람회에서는 22개의 기지에서 전송된 불과 몇 시간 전의 기상 관측 내용을 선보이기도 했다. 하지만 그때까지도 기상예보는 불가능했다. 사람들은 농사 금언 같은 일상의 경험에 의존해서 살았다. "내일 날씨가 오늘 날씨와 같을 것이다"라고 말하면 평균 78퍼센트는 맞으니까 말이다.

백년 달력

백년 달력이 뭘까? 1652년에서 1658년까지 7년 동안 밤베르크 랑하임 수도원의 수도원장 마우리티우스 크나우어는 자기가 사는 지역의 날씨를 기록하였다. 이 기록을 바탕으로 에어푸르트 출신의 의사 크리스토프 헬비히가 1701년에서 1801년까지의 일기예보를 작성하였다. 7년의 날씨 기록을 되돌이표처럼 반복하여 만든 것이었다. 백년 달력은 장기적인 성공을 거둔 사업 아이디어였다. 그 옛날의 밤베르크 날씨를 바탕으로 만든 일기예보는 지금까지도 해마다 널리 보급되고 있으니 말이다.

> 최초의 기상통보

기상통보의 계기를 만든 것은 군사적

참사였다. 1854년 크림 전쟁 중 영국 전함과 프랑스 전함들이 갑자기 불어닥친 폭풍으로 흑해 연안의 바위에 부딪혀 부서지고 말았다. 조사 결과, 영국과 독일, 헝가리를 휩쓸었던 폭풍을 사전에 미리 전보로 경고만 했더라도 피해를 크게 줄일 수 있었을 것이라는 의견이 대두되었다. 그로부터 2년 후 프랑스는 세계 최초로 기상통보 설비를 마련하였고, 이에 다른 국가들도 그 뒤를 따랐다.

하지만 기상통보는 생각처럼 쉽지 않았다. 기상도에 고기압 지대와 저기압 지대를 그려 넣기는 했지만 아직 연관 관계를 잘 파악하지 못했다. 그러다가 20세기 초 노르웨이의 지구물리학자 빌헬름 비에르크네스(Vilhelm Bjerknes)가 날씨를 좌우하는 대기권의 변화를 수학 공식으로 나타낼 수 있게 되었다. 하지만 당시만 해도 예보를 할 수 있을 만큼 그 방정식을 신속하게 풀 수 있는 능력이 없었다. 그 후로도 제2차 세계대전이 끝나고 컴퓨터가 도입될 때까지 몇십 년 동안은 기상도에서 현재의 날씨를 최대한 정확하게 읽어낸 다음, 그동안의 경험에 의존하여 미래의 변화를 추측해내는 방법이 사용되었다.

컴퓨터의 성능은 5~6년마다 10배씩 향상되었지만 동시에 처리해야 할 데이터의 양도 따라 증가하였다. 현재 가장 속도가 빠른 컴퓨터는 초당 3조 회의 수치연산(3테라플롭스)을 하지만 기상학자들은 그 속도에도 만족하지 못한다.

현재 컴퓨터는 지구 전체를 3차원 그래프로 뒤덮고, 기상 자료를 바탕으로 그 그래프의 각 눈금에 해당하는 지역별로 기상 변화를 조사한다. 컴퓨터의 용량이 클수록 그래프의 눈금도 더 조밀할 수 있을 것이다.

예수가 오시면

19세기부터 페루의 어부들은 해마다 크리스마스를 즈음하여 수온이 상승하면서 연근해 어장이 문을 닫는 시기를 '엘니뇨(아기 예수)'라고 불렀다.

그런데 2년에서 7년의 간격을 두고 부정기적으로 수온 상승의 수준이 격심한 경우가 있다. 그런 해에는 지구의 많은 지역에서 대기가 요동을 친다. 예를 들면 건조한 지역에 홍수가 나고 평소 강우량이 풍부한 지방에 가뭄이 들이닥치는 것이다. 오늘날 사람들이 엘니뇨라 말할 때는 바로 이런 이상기후 현상을 일컫는 것이다.

열대 태평양 지역에서 부는 무역풍은 난류를 동에서 서로 몰고 간다. 그로 인해 남아메리카 해안에서는 영양소가 풍부한 한류가 솟아오르고, 연말 무렵 서쪽에서 난류가 되돌아올 때까지 황금 어장이 형성된다.

하지만 몇 년에 한 번씩 일종의 시소 효과로 기압이 완전히 뒤바뀌게 된다. 난류가 힘차게 되돌아와서 한류를 장기간 몰아내버리는 것이다.

오늘날엔 엘니뇨의 생성을 미리 예측할 수 있다. 그런 장기적 예보가 국민 경제에 큰 도움이 되는 건 물론이다. 예를 들어 예측된 강수량에 따라 대비책을 마련할 수가 있다. 산불 예방 조치를 강화하고 강수량에 맞는 작물을 재배할 수 있는 것이다.

중국의 우한 시, 부부가 보트를 타고 생필품을 사러 가고 있고(왼쪽), 인도네시아 자카르타 교외, 학생들이 가뭄으로 바닥이 갈라진 호수를 지나가고 있다(오른쪽). 두 경우 모두 엘니뇨가 원인인 것으로 추정되고 있다. (사진 DPA)

바람이 가득한 바다. 위성을 통해 하루 동안 대서양 상공에서 부는 바람의 방향(선)과 강도(색깔)를 측정하였다. (사진 NASA)

> 나비효과와 예보 적중률

하지만 아직은 눈금의 간격이 너무 넓고, 사람들은 여전히 '내일의 날씨' 적중률이 90퍼센트 이상이라는 기상학자들의 주장을 불신하고 있다. 큰 맥락에서 보면 '비가 올 확률이 높다'는 예보가 맞을 테지만 일반인들에겐 자기 사는 동네에 비가 오느냐 안 오느냐가 중요할 뿐이다. 하지만 아직은 비가 정확히 어디에 내릴 것인지를 예보할 수 있는 수준이 아니다. 물론 기상청의 실수도 있다. 1999년 중부 유럽에 막대한 피해를 입힌 허리케인 로타르는 기상청의 오보로 더 큰 피해를 낳았던 대표적인 사례였다.

'내일의 날씨' 적중률은 지난 몇십 년 동안 거의 개선되지 않았지만 예보가 훨씬 세분화된 것만은 사실이다. 과거엔 넓은 지역을 대상으로 "맑거나 구름이 낀다"는 식의 예보였지만 지금은 날씨가 맑을 확률이 높은 지역까지 알려준다. 5일 후의 날씨 예보도 70년대 초 이틀 후 예보의 정확도에 이르고 있다. 나아가 10일 후의 날씨까지도 예보하는 수준이다. 1960년대 초엔 상상도 하지 못했던 일이다.

당시 미국의 기상학자 에드워드 로렌츠는 대기권 기류의 단순 모델을 연구하던 중 충격적인 사실을 발견하였다. 아주 미미한 변화도 엄청난 결과를 불러올 수 있다는 사실이었다. 이유는 작은 변화를 통해 발생한 불확실성이 시간이 가면서 지수적으로, 다시 말해 눈을 굴리듯이 증가하기 때문이다. 이것이 바로 '나비효과'이다. "브라질의 나비 한 마리의 날갯짓이 텍사스에 토네이도를 일으킬 것인가?" 당시 로렌츠는 이런 물음으로 나비효과를 요약하였다. 그사이에 나비효과는 예상할 수 없는 변화의 동의어로, 카오스 연구의 상징이 되었다.

하지만 최근의 기상학 연구는 불확실성이 통상적으로는 처음에만 지수적으로 증가할 뿐, 시간이 가면서 점차 느려진다(선형적)는 결론을 내렸다. 새로운 현상들이 개입하기 때문이다.

1리터 공기 속에 들어 있는 개별 분자들의 운동은 충돌의 횟수가 많을 경우 예측이 불가능하지만 모든 분자들의 행동 전체는 기압, 온도, 밀도 같은 단위를 이용하여 측량과 계산이 가능한 것과 같은 이치이다. 그러므로 지금보다 나은, 지금보다 더 장기적인 예보를 가로막는 '나비'는 존재하지 않는다.

함부르크 기후 예측 센터에서 로봇이 완전 자동 자기 테이프 '사일로'를 정리하고 있다. 이곳에서는 기후 모델링에 필요한 자료들을 보관하고 관리한다. (사진 DKRZ)

미미한 변화도 기후에 엄청난 결과를 초래할 수 있다. 하지만 나비의 날갯짓이 토네이도를 불러올 수 있다는 주장은 신화로 남아 있다. (사진 PHOTODISC/IUS)

1997년 인도네시아의 한 도시에서 행상이 운전자에게 마스크를 팔고 있다. 유독한 연기의 원인은 동남아를 휩쓴 대규모 산불이었다. (사진 DPA)

오용되는 대기

20년 전 미국의 해양학자 로저 레벌리는 인류가 대기에 무슨 짓을 저지르고 있는지를 밝히기 위한 실험을 실시하였다. 그는 그 실험에 '대규모 지구물리학 실험'이라는 이름을 붙였다. 이 실험은 아주 간단했는데 경제성장에 따라 증가하는 양만큼의 이산화탄소를 실험실의 대기로 방출하는 것이다.

대기 중에 방출된 이산화탄소의 영향력은 이미 19세기부터 학자들의 연구대상이었다. 당시 학자들은 대기의 온도가 상승할 것이라는 결론을 내렸다. 그리고 그들의 예상은 적중했다. 지표면에서 측정한 온도는 1860년 이후 전 세계적으로 평균 0.7도가 상승하였다. 이는 기상학자들이 거듭 확인하듯 적지 않은 수치이다. 1990년대는 역사상 가장 기온이 높았던 10년이었다. 나무등걸, 산호, 시추 얼음핵 등 자연의 기상 박물관을 평가한 결과, 학자들은 지난 천 년

∧ 연기를 뿜고 있는 굴뚝. 과거엔 경제발전의 상징이었지만 지금은 숨이 막히고, 위험하다는 느낌을 준다. (사진 PHOTODISC)

∨ 버튼 하나로 숲의 공기를! 이 시뮬레이션실에서는 대기의 자정 능력을 연구하고 있다. 도시의 공기, 숲의 공기, 대서양의 공기 등 각기 다른 구성의 공기를 생산한다. (사진 Forschungszentrum Jülich)

"야외의 상쾌한 공기는 우리가 원래 있어야 할 장소이다. 그곳에선 신의 정신이 직접 인간을 향해 불어오는 듯하다……"
요한 볼프강 폰 괴테

동안 기온이 유례없는 속도와 유례없는 수준으로 상승했다는 결론을 내렸다. 자연적 원인도 기온 상승에 일부 기여하였다.

향후 몇십 년 동안 기온 상승은 가속화될 예정이다. '기후 변화에 관한 정부간 패널(IPCC)'은 전 세계 학자들이 협력하는 전문가 협의회이다. 이 협의회는 2001년 초에 펴낸 보고서에서 2100년의 평균기온이 1990년과 비교할 때 평균 1.4~5.8도 상승할 것이라는 예측을 내놓았다. 해수면도 9~88센티미터 상승할 예정이다.

하지만 전 세계적인 기온 상승은 가장 파악하기 쉬운 기후 변화의 일부분일 뿐이다. 기온 이외에도 강수량도 변할 것이다. 또한 폭풍, 홍수, 가뭄 등 이상 기후 현상도 증가할 것이다.

> 누가 손해를 볼까?

하지만 학자들도 상세한 내용은 예측할 수 없다. 기온이 특히 올라갈 곳이 어딜지, 기온이 특히 떨어질 곳은 어딜지? 어디에 가뭄이 닥치고 어디에 '세기의 홍수'가 밀어닥칠지? 어디에서 급격한 기후 변동이 일어날지? 복잡한 대기의 상황은 물론, 대양과 거대한 면적의 얼음판, 식물계와의 다양한 상호작용은 지금껏 특정 지역에 대한 믿을 수 있는 예보를 불가능하게 만들었다.

그럼에도 기후 변화로 인해 막심한 손해를 입게 될 사람들이 적지 않을 것이라는 사실은 분명하다. 기후 변화로 덕을 본 사람들이 지금까지의 생존 기반을 잃어버린 수많은 사람들을 팔 벌려 감싸 안으리라는 낙관론을 펼칠 사람은 아마 극소수에 불과할 것이다. 역사는 그 반대라고 이야기한다. 인구밀도가 높은 지구에서 소요와 충돌이 일어날 것이고, 분배를 둘러싼 전쟁이 벌어질 것이다.

물론 지구가 이미 다른 난관들도 모두 이겨냈다는 주장을 펼치는 지구과학자들도 적지 않다. 실제 기후 변화는 지구에 큰 지장을 주지 않는다. 지구 역사상 최장 기간 동안 지구의 기온은 지금보

불

지구의 기원을 찾아 나선 길, 타이어에 펑크가 났다. 오스트레일리아의 서부 관목 숲에는 태곳적의 돌들만 있는 게 아니다. 날카로운 나뭇조각이 여기저기 풀 속에 널려 있다. (사진 D. Röhrlich)

지구의 어린 시절을 담은 스냅사진

우리는 웨스턴오스트레일리아 주의 주도 퍼스에서 북동쪽으로 약 800킬로미터 떨어진 한 양농장 밀레우라에 있다. 살고 있는 사람은 5명뿐이지만 웬만한 세계지도엔 이름이 다 적힌 큰 농장이다. 우리의 목표는 아무도 살지 않는 평원 한가운데에 나지막하게 자리 잡은 언덕, 잭 힐스이다. 그곳으로 가는 길은 붉은 끈들로 표시를 해놓은 부시 트랙을 지나간다. 사이먼 와일드는 지금 타이어를 갈아 끼우는 중이다. 이곳에선 사방에 뮬가 나무가 자라고 있기 때문에 늘 겪는 일이다. 이 나무들이 죽으면 갈라지면서 날카로운 조각이 되는데, 그 조각들이 수풀 사이에 널려 있기 때문에 그곳을 지나는 타이어는 가차없이 펑크가 난다. 하지만 다행스럽게도 펑크는 한 번으로 끝났다. 한 시간 후 우리는 무사히 언덕에 도착했다.

우리는 키 큰 덤불을 지나 산으로 올라간다. 암벽을 타고 오르다 마침내 그림자랄 것도 없는 뮬가 나무의 그림자 밑에 주저앉았다. 우리가 앉아 있는 흰색의 거친 사암들부터가 태곳적의 것이다. 30억 년도 더 된 암석이다. 그 안에는 더 오래된 것들이 숨어 있다. 바로 이곳에서 사이먼 와일드는 나이가 지구만큼이나 오래된 소량의 지르콘($ZrSiO_4$, 정방정계의 지르코늄규산염 광물—옮긴이)을 발견했다. 지금까지 발견된 가장 오래된 지르콘은 44억 500만 년 전의 것이다. 그것이 태어나던 순간 우리 지구

이 언덕에서 지구만큼이나 오래된 지르콘이 발견되었다. 그 앞쪽으로 죽은 '뮬가' 나무 한 그루의 딱딱하고 날카로운 나뭇가지들이 언덕으로 가는 지프를 가로막는다. (사진 D. Röhrlich)

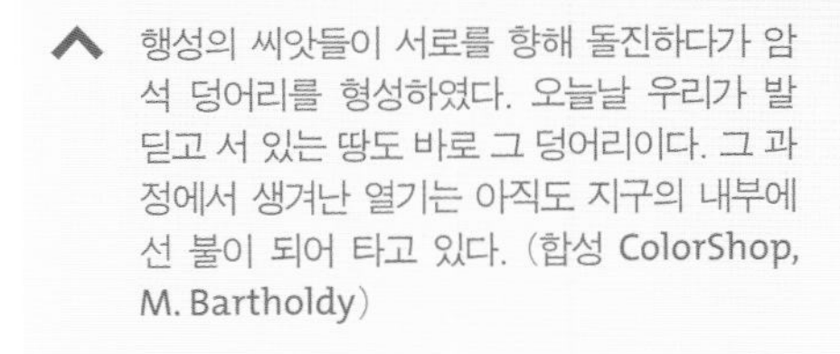

행성의 씨앗들이 서로를 향해 돌진하다가 암석 덩어리를 형성하였다. 오늘날 우리가 발 딛고 서 있는 땅도 바로 그 덩어리이다. 그 과정에서 생겨난 열기는 아직도 지구의 내부에 선 불이 되어 타고 있다. (합성 ColorShop, M. Bartholdy)

의 나이는 겨우 1억 5천만 살이었다. 지구의 나이 45억 5천만 살을 12시간으로 축약시킨다면 작은 조각이 결정화된 시점은 지구가 태어난 지 불과 24분밖에 안 된 시점인 것이다. 이 지르콘은 우리가 알지 못하는 시대를 돌아볼 수 있는 문인 셈이다. 행성들이 탄생한 직후의 시대 말이다.

그것은 지르콘이 영원한 존재이기 때문이다. 지르콘은 극도의 저항력을 갖고 있기 때문에 한번 결정화되면 탄생 시점의 조건을 거의 변함없이 저장하고 있다. 각 무기물 입자들이 스냅사진인 셈이다. 고생스럽기는 해도 물리적 방법을 동원하여 학자들은 이 '스냅사진'을 분석하는 데 성공하였다. 지르콘의 원자 구성 분석을 통해 이것들이 탄생 시점, 즉 지구 탄생 이후 불과 1억 5천만 년이 흐른 시점에 지표면의 물과 접촉했다는 사실을 밝혀낸 것이다. 놀랄 만한 결과가 아닐 수 없다. 그렇게 되기 위해서는 행성이 순식간에 냉각되어 딱딱한 지각을 갖추고 있어야 했기 때문이다. 하지만 지금까지는 그렇게 되기까지는 7억 년이 필요했다는 견해가 지배적이었다. 정말로 지구가 탄생한 후 그렇게 짧은 시간 안에 지표면에 물이 있었다면, 생명의 탄생과 생명의 초기 진화를 포함하여 모든 다른 발전들이 지금까지의 생각보다 몇억 년 더 앞서 시작되었다는 뜻이 된다. 그러니 당연

먼지에서 태어나다

우리 태양계의 초기, 태어난 지 얼마 안 된 태양의 주위로 가스와 먼지로 이루어진 원반 모양의 물질들이 돌고 있고, 그 안에서는 작은 먼지들이 계속 충돌한다. 이 과정의 속도가 엄청나기 때문에 먼지들은 녹아 조각이 된다. 그런 과정을 계속 거치면서 조각은 암석이 되고 암석은 행성의 씨앗이 된다. 이 씨앗들이 계속 서로를 향해 돌진하고 속도가 너무 빠르지 않아 서로 부딪치면서 파괴될 경우 언젠가 이 씨앗들에서 행성이 탄생할 수 있다. 지구도 그런 행성 중 하나이다.

행성 테이아는 약 40억 년 전에 지구(왼쪽)와 충돌하였다. 그 과정에서 거대한 폭발이 일어났고 뜨거운 액체 상태의 암석이 우주 공간으로 날아갔다(오른쪽, 충돌 5시간 후). 이 잔해들이 모여 만들어진 것이 달이다. (합성 W. K. Hartmann)

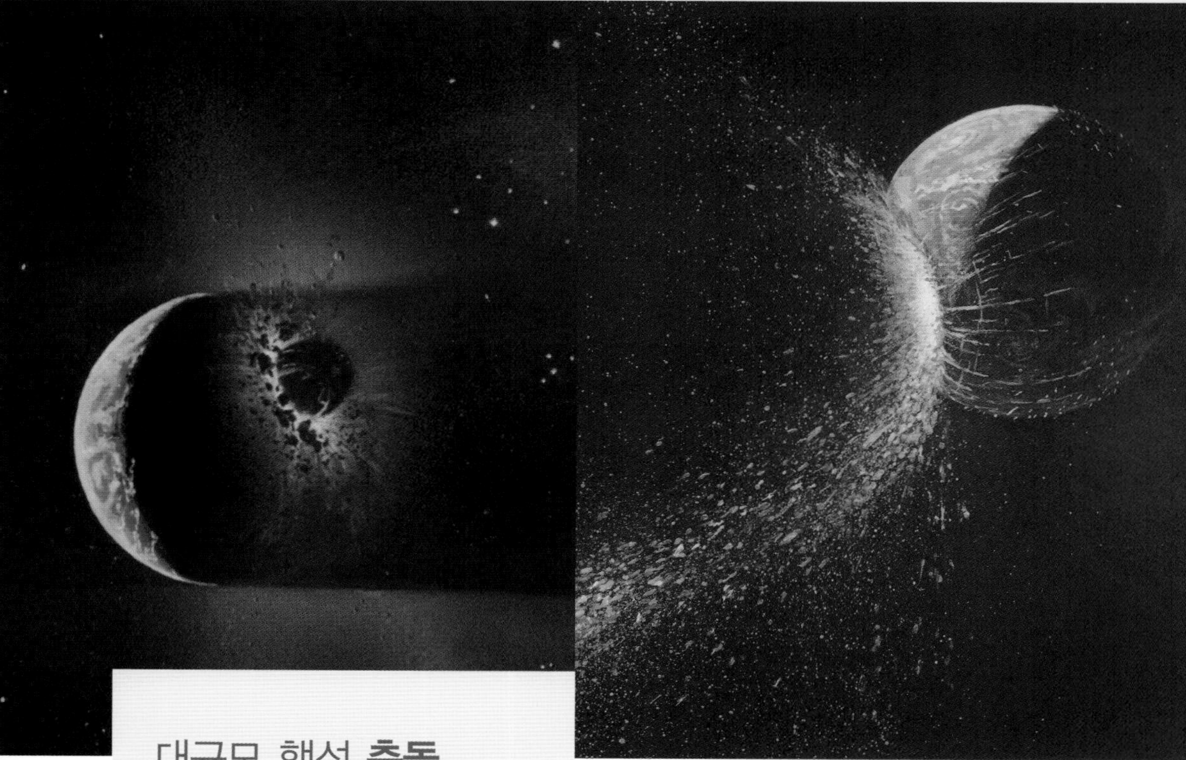

대규모 행성 충돌

젊은 태양계엔 행성이 적어도 지금보다 하나 더 있었다. 테이아는 크기가 화성과 비슷했고 지구 궤도와 엇갈리게 태양을 돌고 있었다. 5억만 년 동안 아무 일이 없었다. 하지만 어느 날 두 행성이 충돌하였다. 지구의 일부와 테이아의 대부분이 불타는 액체의 암석이 되어 우주 공간으로 내동댕이쳐졌다. 이후 지구 궤도에 그 잔재가 모여서 원이 만들어졌고, 그것으로부터 달이 탄생하였다.

히 지르콘의 입증력에 대한 의심의 목소리가 없지는 않다. 하지만 그사이 컴퓨터 시뮬레이션이 무엇보다도 지르콘의 든든한 지원군이 되었다. 시뮬레이션을 통해 당시의 지구는 뜨거운 액체 마그마의 생지옥이 아니었으며, 액체 상태의 물이 지표면에 안정적으로 자리를 잡기까지 1억 년이면 충분하다는 결론이 나왔으니 말이다.

> 연약한 껍질, 뜨거운 핵

이 지르콘이 탄생할 시기, 당연히 지구엔 온통 화산이 널려 있었을 것이다. 도처에서 지각을 뚫고 솟구치는 수많은 화산들을 통해 지구는 내부의 열기를 뿜어버리고자 하였다. 정말 지구의 얇은 껍질 아래에선 열기가 부글부글 끓고 있었으니까 말이다. 지구엔 수많은 행성의 씨앗들이 충돌하면서 발생한 에너지들이 저장되어 있었고, 거기에 암석 속의 방사능 원소들이 붕괴되면서 생긴 강렬한 방사선이 열기를 더했다. 지구는 약했고, 일부분은 녹아버리기도 했다. 중력 탓에 원소들이 분리되었다. 무거운 원소는 아래로 가라앉았고, 한가운데에 철의 핵이 생겼다. 가벼운 원소는 떠다니다가 굳은 마그마로 이루어진 최초의 지각을 형성하였다.

당시 화산은 거대한 양의 수증기와 가스, 마그마를 대기 중으로 날려 보냈다. 수증기와 이산화탄소는 엄청난 온실효과를 낳았다. 하지만 지구가 과열되지 않은 것은 태양이 지금보다 약했기 때문이다. 그 옛날의 지르콘은 지구가 탄생 후 급속도로 냉각되었고, 대기 중의 수증기가 응결되어 끝없는 비가 되었다는 사실을 입증한다. 수천 년 동안 비가 내려 원시 바다가 형성되었다. 그러나 지르콘을 통해 비가 모여 바다가 되었다고 예상할 수는 있지만, 그 바다가 장

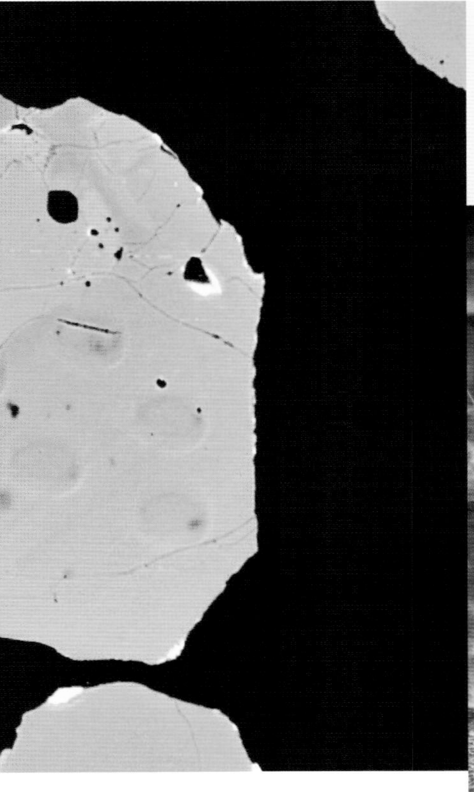

발견된 것 중에서 가장 오래된 결정체. 웨스턴오스트레일리아 주에서 발견된 지르콘 조각을 전자현미경으로 찍은 사진이다. 물리적 방법을 이용하여 측정한 위쪽 끝 부분의 나이는 44억 500만 년이다. (사진 Valley, S. Wilde)

지구의 어린 시절은 지옥이었다. 끝없는 폭풍이 밀어닥치고 있는 동안 우주에서 날아온 무거운 돌조각들이 지각에 깊은 구멍을 냈다. 그렇게 탄생한 용암의 호수에 작은 유성들이 쏟아지고 있다. (합성 GEO, J. Kühn)

우주에서 날아온 우박

39억 년 전 내행성들엔 제법 큰 돌조각(작은 유성)과 눈과 먼지가 뭉쳐진 더러운 '눈덩어리'(혜성)들이 비처럼 떨어져 내렸다. 달과 화성에 있는 분화구가 이 우주 폭격의 증거들이다. 지구 역시 심한 상처를 입었다. 하지만 다른 행성들과 달리 지구는 계속하여 얼굴을 바꾸었다. 판구조 덕분에 지구는 1억 내지 2억 년 안에 모든 흔적을 싹 지워 버렸다. 하지만 지금까지도 남아 있는 그 시절의 유산이 있다. 지구에 있는 물의 일부도 당시 떨어진 유성과 혜성과 함께 지구로 날아온 것이다.

기간 유지됐는지는 알 수 없다. 계속해서 행성과 유성, 그리고 행성의 씨앗들이 딱딱한 지각을 깨뜨려 물을 증발시켰기 때문이다.

> 싹트는 대륙

그 시절에 대한 우리의 상상은 증거가 부족하기 때문에 모호하기 그지없다. 아마 수많은 작은 방으로 쪼개진 얇은 지각 밑에선 부글부글 뜨거운 액체가 끓고, 각 방의 표면은 화산들이 차지하고 있었을 것이다. 오늘날 지구의 내부를 뜨거운 죽 냄비처럼 휘젓고 있는 거대한 압연기는 아직 형성되지 않았을 것이다. 때문에 대륙들은 지각 위를 떠돌고 있었을 것이다. 현재 남아 있는 가장 오래된 그 흔적, 소위 판구조의 역사는 25억 년 전으로 거슬러 올라간다. 하지만 판구조의 전신은 그 전에도 존재했을 것이다. 두껍고 가벼운 대륙의 껍질이 일종의 거품 모양 지구 위에 쌓이고, 그러다 언젠가 지금 우리가 알고 있는 대륙의 조혈 세포가 탄생했을 것이다. 어쨌든 대륙은 약 26억 년 전에 이미 현재 질량의 3분의 2에 도달했으리라 추측된다.

사라진 그 시절의 역사를 조금이나마 들춰보기 위해 오스트레일리아의 지질학자 사이먼 와일드는 그가 찾아낸 지르콘의 44억 년 된 '모석(母石)'을 찾고 싶어한다. 그가 발견한 몇 밀리미터도 채 안 되는 작은 결정체 조각으로 빚은 세계의 이미지가 과연 얼마나 신빙성이 있을지, 현재로선 그것이 가장 큰 고민거리일 테니 말이다.

밤낮없이 진행되는 시추 작업. 4년 6일이라는 기록적인 시간 끝에 대륙 심층 시추(KTB) 프로그램이 마침내 목표 지점에 도달하였다. (사진 BGR, Hannover)

KTB의 시추 전문가들이 끌을 갈아 끼우고 있다. 새 끌로 다시 9킬로미터 깊이를 더 파내려갈 것이다. (사진 Visum, M. Wolf)

거대한 판

바이로이트 오버팔츠의 소도시 빈디셰센바흐에서는 시추 작업이 한창이다. 막사에서 두 남자가 일종의 조이스틱으로 작업을 지휘하고 있다. 보링로드를 빼거나 집어넣을 때에도, 세척 펌프를 이용할 때에도 모두 모니터를 통해 전자동으로 작동된다. 15미터 상공의 작업 현장엔 거의 인적이 없다. 보링 끌을 교체할 때만 약간 소란스럽다. 로봇이 보링로드를 위로 계속 끌어올려 관 세 개를 전부 분해한다. 큰 집게가 40미터 길이의 조각을 저장고로 옮기면 다음은 로봇이 나설 차례이다. 보링헤드 자체가 위쪽에 도착하고 나서야 사람들이 달려든다. 불과 몇 분 안에

안데스의 코토팍시는 높이 5897미터로 세계에서 가장 높은 활화산이다. 정상 아래쪽, 눈이 없는 검은 부분은 확실히 주변보다 온도가 높은 것 같아 보여서 산속이 뭔가 심상치 않다는 느낌을 준다. (사진 BGR, Hannover)

하와이의 한 화가가 그린, 하와이 불의 여신 펠레. (그림 Hawaiianeyes.com, H. K. Kane)

자매들의 싸움

옛날 하와이 사람들은 북동쪽으로 갈수록 섬의 역사가 짧다는 사실을 알고 있었다. 전설에 따르면 화산의 여신 펠레는 카우아이에 살고 있었다.

그런데 바다의 여신인 큰언니 나마카오카하이가 펠레를 공격하는 바람에 오아후 섬으로 피신하였고 거기서 다시 나마카오카하이한테 쫓겨나자 마우이 섬으로 도망갔다가 결국 하와이로 도망쳤다. 그리고 지금까지 킬라우에아 화산의 정상에 있는 할레마우마우 분화구에서 살고 있다고 한다.

새 것으로 교체하고 나면, 로봇이 다시 모든 것을 전자동으로 시추공 속으로 박아 넣는다. 보통의 시추 작업이라면 9000미터에서 보링 끌을 교체하기까지 3~4일이 걸리지만 로봇 덕분에 하루면 모두 끝난다. 때문에 4년 6일이라는 기록적인 속도로 9101미터의 최종 깊이에 도달할 수 있었다.

> 부드러운 돌

현재 심층 시추의 최고 기록은 1만 2161미터까지 파들어간 러시아 콜라 반도의 시추공이다. 오버팔츠 시추 작업의 목적은 더 깊은 곳으로 파내려가는 기록 갱신이 아니다. 학자들은 암석의 거친 표면 상태가 유연한 상태로 변하는 곳, 즉 암석이 부서지지 않고 변형되기 시작하는 경계층을 염두에 두고 있었다. 그리고 빈디셰센바흐의 기압과 온도 조건하에서는 약 10킬로미터의 깊이, 250~300도의 온도에서 그런 상태가 가능할 것이라 추정했다. 학자들의 추정이 맞았다. 그 깊이에 도달하자 무기물의 결정 구조가 변했다. 암석 속의 규암이 압력과 인력에 부서지지 않고 변형되는 식으로 반응하는 것이다. '스트레스'로 인해 암석에 영향을 미치는 에너지가 이런 방식으로 변화되어 지진으로 방출되지 않을 수 있는 것이다.

빈디셰센바흐의 시추 작업에서 측량된 스트레스의 원인은 아프리카와 유럽지각의 충돌이다. 수억 년 전부터 아프리카는 남쪽으로 전진하고 있고 이 과정에서 알프스에 협곡을 형성하였다. 두 대륙은 전체 지각이 분열되어 만들어진 여러 개의 지각판으로 구성된 한 시스템의 일부인 것이다. 그리고 이 여러 개

황철광을 함유하고 있는 결정. 블랙 스모커 근처에서는 황철광 이외에도 순금을 비롯한 여러 보석들이 발견되었다. 이 황철광은 생명의 탄생을 도와준 조산원일 가능성이 높다. (사진 J. Erzinger)

심해의 오르간 파이프. 두터운 연기들이 블랙 스모커—낯선 세계를 낳은 생명의 기초—에서 피어오르고 있다.(사진 J. Erzinger)

블랙 스모커

블랙 스모커란 뜨거운 심해의 온천에 형성된 굴뚝이다. 열점과 중앙해령에서 화산 활동이 지표면으로 올라오는 자리인 것이다. 차가운 바닷물이 지각의 틈을 뚫고 마그마 방향으로 몇 킬로미터 아래로 내려가 가열된다. 그 과정에서 암석과 반응하고 화산 가스를 흡수한다. 메탄, 수소, 황, 금속 등을 흡수한 바닷물은 다시 위로 올라와 최고 300도의 온도로 솟구치게 된다. 하지만 2000의 높은 수압과 몇 미터에 이르는 바다의 깊이 때문에 물이 끓지는 않는다.

1977년 2월 13일 일요일. 심해탐사선 앨빈 호가 갈라파고스 섬 앞바다에서 탐사 작업을 하고 있었다. 잭 코를리스는 큰 기대 없이 잠수를 시작했다. 그런데 수심 2600미터 부근에서 앨빈 호의 헤드라이트 불빛 속으로 갑자기 흰색의 큰 게 한 마리가 등장했다. 열 센서가 삑삑거렸고 수온이 올라갔다. "저기 또 있어요." 조종사가 흥분하여 소리쳤다. 수백 마리의 게가 널려 있었다. 모두 심해의 어둠 때문에 동굴 속 동물처럼 흰색이었다. 빛이 없으면 색깔은 의미가 없으니까 말이다. 큰 조개도 지천으로 널려 있었다. 거대한 환형동물들이 물속에서 흔들리는 모습은 마치 비닐 파이프 같았고, 머리 둘레에는 긴 깃털이 박혀 있었다. 물이 갑자기 수백만 마리의 단세포생물 때문에 우윳빛으로 변했다. 기껏해야 박테리아 정도나 살고 있으리라 기대했던 곳에 엄청나게 다양한 생물군이 살고 있었던 것이다. 앨빈 호의 불빛을 통해 인간이 처음으로 심해의 온천을 발견한 순간이었다. 흰색의 박테리아 콜로니가 발광하고 있는 굴뚝이 불쑥 솟아 있었다. 그 굴뚝에서 두터운, 시커먼 연기가 솟구쳤다. '블랙 스모커'란 이름은 그렇게 해서 붙여진 것이다.

블랙 스모커는 생물학자들의 오랜 믿음을 무너뜨렸다. 그것이 발견되기 전까지 모든 생명은 직간접으로 태양과 관련이 있다고 믿었다. 그런데 오류였다. 심해에서 태양은 아무 소용이 없다. 빛 한 점 들지 않는 심해에서는 블랙 스모커에서 솟아나온 수소와 유황, 그리고 황화물이나 인산염 같은 무기물이 결정적인 역할을 한다. 심해의 생명은 광합성에 바탕을 두고 있는 게 아니라 화산 온천의 화학에너지를 직접 활용하는 박테리아에 그 기원을 두고 있다. 박테리아가 먹이사슬의 시작인 것이다.

프랑스 잠수정 노틸. (사진 J. Erzinger)

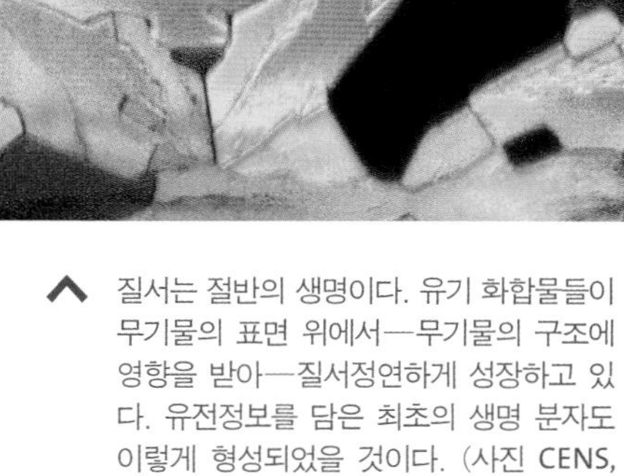

질서는 절반의 생명이다. 유기 화합물들이 무기물의 표면 위에서—무기물의 구조에 영향을 받아—질서정연하게 성장하고 있다. 유전정보를 담은 최초의 생명 분자도 이렇게 형성되었을 것이다. (사진 CENS, LMU München)

지질학자 외르크 에르칭거는 1991년 프랑스 잠수정 노틸을 타고 서아프리카 통가의 심해에 있는 블랙 스모커를 찾았다. 에르칭거에게 궁금한 점을 물어 보았다.

심해에 들어갔을 때 가장 먼저 눈에 띈 것은 무엇인가?

헤드라이트를 켜자 오스트레일리아에서 생산된 맥주 캔이 바닥에 뒹굴고 있었다. 해양 오염이 심각하다는 증거일 것이다.

잠수정에서 생활하기가 어떤가?

지름 2미터의 원통 속에 배를 깔고 누워 창밖을 내다본다. 조종사 두 명이 운전을 한다. 평소 심해저는 사막 같다. 헤드라이트가 비치는 몇 미터 앞만 보이고 그 너머는 칠흑 같은 어둠이다. 그러니 제대로 길을 찾아 블랙 스모커에 도달했을 땐 사막에서 오아시스를 찾은 느낌이었다.

어떤 식으로 연구를 수행하는가?

잠수정엔 여러 대의 카메라가 장착되어 있다. 나는 조종사에게 지시를 내리고 사진을 찍고 촬영을 한다. 집게 팔로 해저 샘플을 집어 카메라 앞에다 놓고 사진을 찍는다. 샘플에 글씨를 적을 수 없으니까 확인 작업을 사진으로 대체하는 것이다.

잠수정에 타고 있으면 기분이 어떤가?

답답하다. 6~10시간씩 S자로 휘어진 그대로 배를 깔고 나무 침상에 누워 있다. 나중엔 일어나기도 힘들다. 화장실 문제가 아직 해결이 안 되었기 때문에 차나 커피를 마시지도 못한다.

> 황금 캡슐을 타고 심해로

블랙 스모커가 발견되기 전, 생명의 기원을 둘러싼 연구는 교착상태에 빠져 있었다. 1950년대에 수증기와 암모니아, 메탄을 비롯한 여러 종류의 가스로 '원시 수프'를 형성하고 그곳에 인위적으로 번개를 치게 만든 실험은 학계의 엄청난 기대를 모았지만 결국 실패로 돌아갔다. 하지만 심해의 블랙 스모커가 다시 학자들의 상상력을 자극했다. 새로운 실험이 구상되었다. 시계를 거꾸로 돌려 몇십억 년 전의 해저 상태를 시뮬레이션으로 만들었다. 그를 위해 작은 황금 캡슐에다 물을 넣고 블랙 스모커의 주변에서 풍부하게 발견되는 메탄과 같은 유기물을 섞은 다음 암석의 가루를 반응 촉진제로 첨가하고, 인위적으로 심해 수압과 온도를 조성했다. 그 순간 캡슐 속에서 폭발과 같은 유기 반응이 일어났다. 거기에 암모니아와 질소를 첨가하니 아미노산이 탄생했다. 무에서 생명의 초석이 형성된 것이다. 물론 유기 분자들이 아직 열에 견딜 만

그린란드의 수도 누크에서 비행기로 50분을 날아가면 절대적 정적과 몇 마리 산토끼, 그리고 지구에서 가장 오래된 물이 있는 곳에 도착한다. (사진 GEUS, P. W. U. Appel)

이수아의 불과 물

이수아는 그린란드의 수도 누크에서 헬리콥터로 50분 거리에 있다. 얼음과 돌, 물밖에는 없다. 내륙빙 바로 앞의 계곡에, 지상에 물이 존재했다는 가장 오래된 증거가 있다. 37억 년~38억 5천만 년 된 용암이 바로 그것이다. 그 용암은 지금의 하와이에서도 그러하듯 바다 속에서 굳으면서 아주 특이한 쿠션 구조를 형성하였다. 쿠션 모양의 현무암 중 하나에는 몇 밀리미터 두께의 무색 석영이 들어 있는데, 그 안을 현미경으로 들여다보면 믿을 수 없게도, 37억 5천만 년 전의 바닷물 잔재가 미량 들어 있는 함유물이 숨어 있다. 정말 그 물이 그렇게 오래전의 것이라면, 여태껏 알려지지 않은 생물체의 존재를 알 수도 있을 것이다. 첫 분석결과 이 액체에는 오늘날의 바닷물처럼 아주 많은 소금이 함유되어 있었다. 또한 주변 화산에서 직접 분출된 메탄이 들어 있었다.

큼 단단하지 못해 화산 열기를 견디지 못하고 금방 분해되고 말았다. 하지만 황화철(황철광)이 용액 속에 들어 있는 경우 화합물이 며칠 동안 별 탈 없이 남아 있었다. 황철광은 블랙 스모커 주변에 다량으로 널려 있고, 더구나 유기 반응을 촉진한다. 그러므로 화산 온천이 다양한 물질을 합성시키는 일등급 반응기를 제공하는 셈이다.

> 생명 로봇

하지만 유기 화합물의 존재가 자동적으로 생명의 탄생을 의미하는 건 아니다. 생명이라 부를 수 있으려면 재생산 능력이 있어야 하기 때문이다. 그렇다면 과연 생명의 첫 테이프를 끊은 것은 무엇이었을까? 생명을 생산한 선구자가 없었다면 아무리 단순한 유기체라도 어떻게 형성될 수 있었을까? "닭이 먼저냐 달걀이 먼저냐"의 이 질문은 수면에 뜬 무기물을 통해 대답할 수 있다. 온수에 광물을 넣고 그 위에 유기물을 뿌리면 유기 분자들이 무기물의 표면에 달라붙는다. 유기 화합물의 긴 사슬과 무기물 표면의 원자들 사이의 결합력이 약하기 때문이다.

무기물은 규칙적인 구조이기 때문에 결합을 하면 복잡하고 질서정연한 무늬가 생긴다. 계속해서 새로운 분자들이 결합을 하기 때문에 무기물은 원시적 유전정보를 갖추고 성장 중인 생명 분자에게 비계 역할을 할 수 있을 것이다. 원시적 유전정보는 생명 분자들이 자신이 가진 '지식'을 다음 세대로 전달하는 데 이용된다. 이런 시각에서 보면 원시

오스트리아 예수회원 아타나시우스 키르허가 1678년에 그린 지구의 구조. (출처 H. -U. Schmincke)

생물은 일종의 무기-유기 화학 로봇일 것이다. 개별 부분을 골라 제2의 동일한 로봇을 합성하는 로봇 말이다. 물론 가끔씩 조립을 하다가 실수를 저지를 것이고, 때론 그 실수가 화학 로봇의 개선에 이바지할 것이다. 그렇게 진화는 계속된다. 생명이 탄생하기 위해 결합되어야 할 요인이 많았더라면 이런 과정이 자주 반복되었을 가능성도 훨씬 더 적었을 것이다.

생명이 개입하다

생명체가 지구에서 확고하게 제자리를 잡은 시기 역시 이런 생명체의 복잡성 정도에 좌우된다. 지구가 아직 떠다니는 행성과 유성의 침공에 무방비 상태였던 시절엔 이제 막 걸음마를 시작한 유기체들이 살아남을 수 없었을 것이다. 메커니즘이 복잡했다면 생명체는 39억 년 전 우주의 대폭발이 끝난 이후에야 비로소 진화될 수 있었을 것이다. 메커니즘이 단순했더라면 이미 그 전에 생명체가 시작되었을 것이다. 생명체가 지구를 점령한 시점이 학자들의 믿음처럼 38억 년 전이었든, 아니면 40억 년 전이었든, 어쨌든 생명체는 제자리를 잡자마자 당장 지구의 순환과정에 개입하였다. 처음엔 거의 눈에 띄지 않을 정도였을 것이다.

하지만 35억 년 전 광합성이 시작되면서 심각한 변화의 신호탄이 올랐다. 새로운 유기체들이 대기 중의 이산화탄소를 섭취하고 대신 산소를 방출하였다. 이로써 온실효과가 줄어들었다. 지구계에 대한 생명체의 개입은 지구의 온도를 떨어뜨렸고, 결국 인간을 포함한 고등생물이 탄생할 수 있는 조건을 마련하였다.

이 삼엽충은 지구 고대의 말기, 즉 떼죽음이 있기 전인 2억 5천만 년 전에 살았던 생물이다. (사진 Museum Senckenberg, Frankfurt/Main)

오스트레일리아 원주민들의 성전, 에어스록.
(사진 Australienbilder.de, A. Hennig)

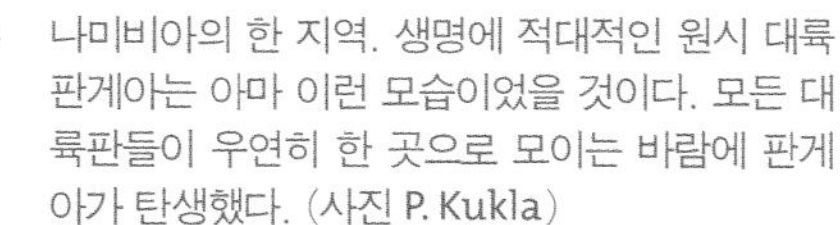

나미비아의 한 지역. 생명에 적대적인 원시 대륙 판게아는 아마 이런 모습이었을 것이다. 모든 대륙판들이 우연히 한 곳으로 모이는 바람에 판게아가 탄생했다. (사진 P. Kukla)

원주민들이 말하기를

태초엔 거대한 소금물과 어둠뿐이었다. 그러나 물의 밑바닥에서 무지개 뱀 운구드가 솟아오르더니 비스듬하게 몸을 기울여 바다 위로 부메랑을 던졌다. 부메랑이 날아가며 수면을 건드리는 곳마다 거품이 일며 땅이 생겼다. 한편 깊은 굴속에서는 태양이 잠자고 있었다. 만물의 아버지는 태양을 깨워 온 세상에 생명을 주라 명했다. 이윽고 태양이 눈을 뜨자 어둠이 사라졌다. 태양이 숨을 들이쉬니 미풍이 불기 시작했다. 태양은 긴 방랑길에 올랐다. 태양이 가는 곳은 어디나 풀과 꽃과 숲과 나무가 자라났다. 태양이 땅 속 구멍을 들여다보니 그 안에 동물들이 우글거렸다. 동물들이 구멍에서 기어 나오자 지구는 생명으로 넘쳤다.

> 치명적인 농도

하지만 여전히 지구와 생명체의 관계에는 문제가 많았다. 계속해서 지구는 생명체의 생존을 위협했고, 종의 대부분을 멸종시킨 대량학살도 서슴지 않았다. 그 중 가장 큰 규모가 약 2억 5천만 년 전의 것으로, 지구 고대에서 지구 중세로 넘어가는 그 전환기에 종의 95퍼센트 이상이 멸종했다. 그 전에 몇백만 년에 걸쳐 모든 대륙들이 비록 속도는 느리지만 꾸준하게 결합되어 하나의 초대륙을 만들었다. 판게아였다. 판게아는 생명에 적대적인 거대한 땅덩어리로, 여름엔 뜨겁고 건조했고 겨울엔 혹한이 몰아쳤다. 여러 대륙이 있을 당시, 여러 종의 생물군이 살고 있던 해안선은 판게아가 형성되면서 사라지고 말았다. 해안 생물들은 생활 터전을 잃어버렸다. 갑자기 현재의 시베리아에서 엄청난 크기의 화산들이 용암을 분출하기 시작했다. 80만 년 동안 현무암이 흘렀고, 엄청난 양의 먼지와 온실 기체들이 대기 중으로 뿜어져 나왔다. 기후가 극도로 불안정했다. 먼지로 인해 단기간 지구의 온도가 하강했지만 이산화탄소, 수증기, 메탄이 장기적으로 기온을 상승시켰다. 살기가 힘들어진 생명체는 정체 상태에 빠졌다. 대양은 공동묘지였다. 죽은 산호의 암초가 사방에 널려 있었고 어류도, 파충류도, 양서류도 살아남을 수 없었다. 지구 내부에서 치밀어 오른 힘들은 활짝 피어나고 있던 생명의 공동체를 말살시켰지만, 진화에 새로운 방향을 제시했다. 카드 판의 패가 다시 섞였다. 육지에서는 공룡이 덕을 보았고, 바다에서는 패류와 갑각류가 신이 났다. 판구조로 인한 대량학살이 없었더라면 생명체의 진화는 지금과는 전혀 다른 방향으로 진행되었을 것이다.

금성 표면의 컴퓨터 시뮬레이션. 미국의 행성탐사체 마젤란, 러시아의 행성 탐사체 베네라 13호와 14호에서 보낸 레이더 측정 자료를 바탕으로 구성한 것이다. (시뮬레이션 NASA)

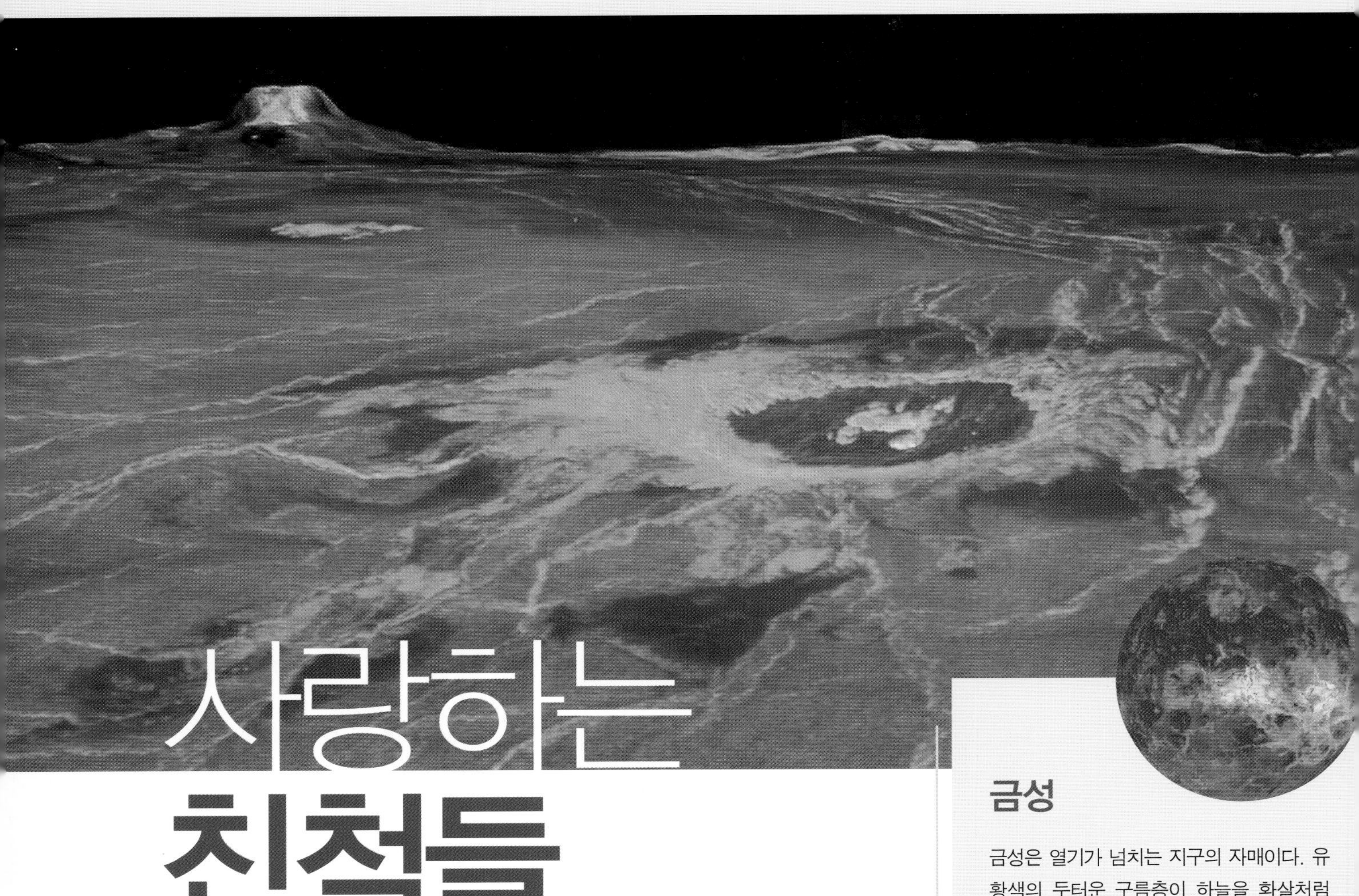

사랑하는 친척들

금성

금성은 열기가 넘치는 지구의 자매이다. 유황색의 두터운 구름층이 하늘을 화살처럼 빠르게 지나가고 있다. 낮에도 흐리고 모든 것이 몽롱한 오렌지 빛 속에 잠겨 있다. 공기는 한없이 무겁다. 기압은 높아 심해 수준이고, 강풍이 현무암 위로 불면서 열기를 사방으로 퍼뜨리기 때문에 불처럼 뜨겁다. 차가운 구석은 찾아볼 길이 없고 밤에도 낮과 똑같이 뜨겁다. 게다가 너무 건조하다. 금성에는 물이 없다. (사진 NASA)

옛날에는 화성과 지구와 금성이 똑같았다. 이제 막 굳은 지각으로 화산이 터져 나오고 유성과 혜성이 계속 지각을 찢어놓았다. 세 행성 모두가 표면에 물이 있었고, 대기는 주로 이산화탄소로 이루어져 있었다. 하지만 세 행성의 발전은 전혀 다른 방향으로 진행되었다. 오늘날 지구는 생명친화적 조건을 갖춘 푸른 별이다. 반면 금성엔 두터운 이산화탄소의 대기가 온실효과를 가속화시켜 기온이 약 450도로 치솟았다. 반대로 화성은 춥고 대기층이 얇다. 물이 존재하기는 하지만 땅 속 깊은 곳에 얼어 있다.

지구와 금성은 크기가 같고 내부에 비슷한 양의 열기를 담고 있다. 그런데 그 열기를 처리하는 방식은 전혀 다르다. 지구에는 판구조라는 압연기가 있어 열기를 내부에서부터 바깥으로 계속 이끌어낸다. 지각이 탄생하고 소멸될 때마다 에너지가 소비되어 온도를 떨어뜨린다. 하지만 금성의 표면은 판구조가 아니라 굳어 있다. 물이 없기 때문이다. 물은 판구조의 필수 윤활유이다. 물이 없으면 압연기가 오일 없는 엔진처럼 꽉 끼어버린다. 금성에도 초기엔 10미터 깊이의 대양이 형성되기에 충분한 물이 있었다. 하지만 이산화탄소 대기의 온실효과로 인해 물이 수증기로 증발되었고, 그 수증기가 다시 온실효과를 가속화시켰다. 그 결과 결국 바다가 사라져버리고 말았다.

얼마나 더 세월이 흘러야 우주비행사가 태양계에서 가장 높은 화산 올림푸스몬스에 직접 올라 샘플을 채취할 수 있을까? 어쨌든 NASA 예술가들의 손끝에선 그런 꿈도 이미 현기증 나는 현실이다. (그래픽 NASA)

바이킹 착륙선에서 바라본 화성의 표면. (사진 NASA)

금성을 레이더로 촬영해보면 지각의 나이가 5억 년에서 10억 년이다. 금성의 나이가 45억 5천만 년인 것을 생각하면 표면을 완전히 새로 바꾸었다는 의미이다. 판구조가 없는데 어떻게 그게 가능할까? 굳은 금성은 안전밸브가 고장난 압력밥솥과 같다. 행성의 핵이 가열되어 맨틀에 압력이 높아지면 뜨거워진 암석이 위로 올라가려고 하는데 그럴 수가 없다. 그러다 압력이 위험수위에 도달하면 더 뜨거운 아래쪽 맨틀이 폭발하여 순식간에 표면까지 밀고 올라오고, 엄청난 양의 용암이 행성을 뒤덮어 버린다. 기존의 것은 하나도 남지 않는 것이다.

화성의 상황은 전혀 다르다. 화성에도 판구조는 없지만 화성은 크기가 너무 작아 너무 빨리 식어버렸다. 화성의 지각은 움직이는 판으로 쪼개지기에는 너무 두껍고 너무 딱딱하게 굳어버렸다. 그래서 약한 지대에 있는 화산이 유일하게 밸브 역할을 한다. 그래서 그곳에 용암이 탑을 이뤄 쌓이고 또 쌓였다. 그 결과 타르시스 지역에 27킬로미터 높이의 높은 화산이 탄생하였다. 화성에선 이미 20억 년 전에 화산 활동이 끝났다. 불의 시대가 지나간 것이다. 전쟁의 신 아레스의 행성은 늙어버렸다.

화성

흰색의 이산화탄소 구름이 비탈을 따라 흐르고 있다. 올림푸스몬스 화산, 높이 27킬로미터, 깎아지른 듯한 바위와 가파른 비탈. 바닥은 검고, 눈 닿는 곳은 어디나 바람에 깨끗하게 쓸린 현무암뿐이다.

몇 주 동안 미친 듯이 불던 바람이 밝은색 먼지를 다 실어가버렸다. 여러 개의 폭풍이 합쳐지면 먼지 기둥이 생긴다. 행성 전체가 노란 막으로 뒤덮일 정도로 먼지 기둥이 높이 솟구친다. 그러고 나면 몇 달 동안 태양이 먼지에 가린다. 하지만 오늘은 다시 맑아졌다. 화창한 여름날. 그래도 선선하다. 한여름에도 기온은 20도 이상 오르지 않기 때문이다.

얼음 속의 크릴. 생명이 살 수 없을 것 같은 극지방의 총빙에도 이 크릴과 같은 수많은 작은 생명체들이 살아 숨쉬고 있다.

보스토크 호의 극지연구가들이 씻을 물을 마련하기 위해 눈을 자르고 있다. 이곳의 생활환경은 정말 열악하다. 1983년 7월에는 영하 89.2도로 지구에서 가장 낮은 온도를 기록하기도 했다. (사진 C. M. Sucher, Raytheon Polar Services Comp., Centennial)

흰 사막은 살아 있다

겨울 극지방의 총빙보다 더 비경제적인 것은 없을 것 같다. 하지만 실제 총빙은 생명이 가득한 투명 미로이다. 바닷물이 얼면 물 분자만 굳어 얼음 결정이 된다. 그 안에는 미세한 수로와 구멍의 네트워크가 형성되고, 다시 그 안에는 농축된 소금 용액이 가득 들어 있다.

이 소금물에 적신 '얼음 스펀지'는 수많은 벌레와 갑각류와 바닷말과 박테리아의 생활공간이다. 이들은 살아남기 위해 다양한 생존 전략을 구사한다. 예를 들어 이들의 세포막은 영하에서도 유연성을 유지하기 위해 다중불포화지방산을 많이 함유하고 있다.

> 접촉하기 전에

남극 얼음 밑에 자리 잡은 1만 세제곱킬로미터 수역, 보스토크 호에 살고 있는 유기체들은 우리와는 전혀 다른 도전을 이겨내야 한다. 어둠과 산소 부족, 추위 이외에도 380에 이르는 수압을 견디고 살아야 하는 것이다. 약 4킬로미터 두께의 얼음 덮개로 인해 세상과 담을 쌓은 이들은 안 먹고 버티는 굶기의 대가들이기도 하다. 유일한 영양원은 천천히 호수 위로 떠밀려오는 얼음에서 나온다. 보스토크 호의 북쪽 끝 부분에서는 얼음의 아래층이 녹아 물이 되고 있다. 그 물은 약 50만 년 전 눈이 되어 남극에 내린 눈송이들이다. 그 안에 함유된 기체와 먼지 입자들이 얼음이 녹으면서 호수로 스며든다. 남쪽 끝 부분에서는 반대로 호수물이 얼어 얼음 덮개가 된다. 극지방 학자들은 계속해서 형성되고 있는 이 경계층에 3600미터 깊이의 구멍을 뚫어 다양한 종류의 박테리아들을 채굴하고 있다. 박테리아들은 지금까지 학자들이 보스토크 호에서 발견한 유일한 생명의 신호이다. 시추작업은 물 위 120미터 지점에서 중단되었다. 그렇지 않을 경우 2천만 년 동안 세상으로부터 고립되어 진화되어온 이 생활공간으로 외부 세계의 미생물들이 딸려 들어갈 수밖에 없다. 그래서 학자들은 이 세계를 파괴하지 않고도 연구할 수 있는 방법을 모색하고 있다.

남극 심해에 대한 지식은 멀리 우주 공간을 바라보는 학자들에게도 많은 기대를 일깨운다. 예를 들어 얼음으로 덮인 목성의 위성 유로파나 화성 남극의 얼음 밑에서 먼 친척들을 찾을 수 있다는 기대 말이다. 공기가 없어도 영양분이 부족해도 상관없다. 극단적인 더위나 추위 따윈 이길 수 있다. 하지만 물이 없는 생명은 절대 상상할 수가 없다.

순환하는 물

"영원히 모양을 바꾸면서 하늘에서 내려와 하늘로 올라가고 다시 지상으로 내려와야 한다."

요한 볼프강 폰 괴테, 「물 위를 떠도는 혼령의 노래」

물은 불안한 원소이다. 비나 우박이 되어 땅에 떨어지고, 눈송이가 되어 공기 중을 떠돌며, 쏜살같이 산을 타고 내려와 계곡을 향해 돌진하고, 집채만 한 파도가 되어 해안으로 밀려오거나 밀물과 썰물이 되어 육지를 쓰다듬는다. 모세관 현상의 힘을 빌려 북미의 숲 속에 사는 키 큰 나무의 미세한 수관을 타고 100미터 이상을 오르기도 한다. 하다못해 작은 웅덩이 하나하나에서도 물 분자들이 쉼 없이 대기 중으로 날아오르고 있다.

전 세계 모든 형태의 물은 서로 연관이 있다. 요즘엔 초등학생만 되어도 빗물의 여행에 대해 배울 것이다. 비가 되어 호수에 떨어지고, 개천과 강을 따라 바다까지 여행한 후 햇빛을 받아 증발하고 구름이 되어 다시 출발점으로 돌아오는 물의 순환 말이다. 그런 점에서 볼 때 요즘 초등학생은 레오나르도 다빈치(1452~1519)보다도 똑똑하다. 다빈치도 물이 영원히 순환한다는 사실은 알았고, 태양이 증발의 촉진제 역할을 하며 따라서 구름과 비를 만드는 동력이라는 사실은 잘 알고 있었다. 하지만 그는 산들이 지하 수맥을 통해 대양의 물을 흡수해 강의 원천을 살찌운다고 추정했다. 비와 눈이 하천에 충분한 물을 공급한다는 사실은 그로부터 한참 후인 1674년 프랑스 아마추어 지질학자 피에

사진 A. Gerdes, Marum; J. Reichling, BGR; Photodisc (3x); F. Ossing, GFZ-Potsdam

물에 관한 **사실**

이 지구 상에는 대략 14억 세제곱킬로미터의 물이 있다. 이 양을 150리터의 욕조에 비유한다면, 그 중 담수는 반 양동이 정도에 불과하고, 그 담수 중에서도 4분의 3은 얼어 있다. 지하수는 1리터에 불과하고, 하천과 호수에 담겨 있는 물은 0.02리터의 소주잔 한 잔 분량이다. 수증기는 물방울 몇 개 분량이며 나머지는 소금물로 대양에 가 있다. 지각의 무기물과 화학적으로 결합해 있는 물은 열외로 한 것이다.

지각의 암석은 약 0.2퍼센트가 물로 구성되어 있다고 한다. 그러므로 대양의 물을 모두 합쳐도 암석 속에 담겨 있는 수분의 5분의 1에 불과하다.

르 페로에 의해 비로소 입증되었다.

하지만 물방울이라고 해서 모두가 똑같이 여행을 좋아하는 건 아니다. 구름에서 직접 강으로 떨어져 당장 바다로 되돌아가는 빗방울은 단기 코스의 여행을 하는 셈이다. 큰 강의 경우 원천에서부터 계산해도 약 2주밖에 안 걸리는 여행이니까 말이다. 중간 정체가 길어지는 경우도 있을 수 있다. 빗방울이 호수 바닥으로 가라앉아 몇 년씩 머물러 있는 경우이다. 지하수로 스며드는 경우 몇천 년이 걸릴 수도 있다. 해류를 타고 대양의 심해저로 내려가는 경우는 평균 3천 년 정도 쉬어야 한다는 뜻이다. 하지만 뭐니 뭐니 해도 최대의 인내심을 요하는 경우는 눈송이가 되어 극지방의 얼음 지역에 떨어지는 것이다. 얼음 덩어리의 바닥에서 수십만 년씩 기다려야 한다. 반대로 빗방울이 소나기가 되어 땅에 떨어진 후 나무와 꽃의 갈증을 채워주는 경우는 여행 기간이 아주 단축된다. 식물이 흡수한 습기는 5일 후면 다시 증발되니까 말이다.

어쨌든 대기 중의 수분은 바쁜 차량기지에 들어온 기차나 진배없다. 대기 시간은 채 10일이 안 된다. 대기 중에 수증기로 떠도는 물의 양은 0.01프로밀 또는 1만 3천 세제곱킬로미터가 채 안 되기 때문이다. 그로부터 연간 약 50만 세제곱킬로미터의 강수량이 가능하자면 대기 중의 물이 거의 마흔 번이나 하늘과 땅을 오가야 한다는 말이 된다.

마지막 펭귄? 이 외로운 펭귄은 아마도 길을 잃었나보다. 기후 변화는 남극의 기온을 자꾸만 끌어올려, 해안의 커다란 얼음 조각들은 계속해서 부서져 떨어지고 있다. 이는 그곳에 사는 동물들에게도 적지 않은 영향을 미치고 있다. (사진 Okapia)

예민한 냉난방 장치

얼음과 눈은 햇빛을 강하게 반사한다. 따라서 얼음으로 덮인 지역에선 온도가 아주 서서히 올라간다. (사진 A. Gerdes, Marum)

그린란드에서 시추한 얼음핵을 분석하고 있다. 이 연구실에서는 난방을 할 수 없다. 난방을 하면 값진 연구 자료들이 녹아버릴 테니까 말이다. (사진 A. Gerdes, Marum)

"우리가 아는 것이 물방울이라면
우리가 모르는 건 대양이다."

아이작 뉴턴(1643~1727)

지구가 날로 더워지고 있다. 이것은 의심의 여지가 없는 사실이다. 하지만 얼마나 많이, 또 얼마나 빠른 속도로 더워지고 있을까? 수많은 요인이 작용하면서 서로를 방해하거나 강화할 것이다. 지금까지 지구가 겪었던 빙하기와 간빙기에 대한 지식도 아직은 불충분하다. 그러므로 미래의 발전을 예상하는 일은 더더욱 어려울 것이다.

물은 거대한 열 펌프가 되어 적도에서 흡수된 태양에너지를 극지방으로 수송한다. 물은 눈과 얼음으로 만든 거울로 햇빛을 반사하여 우주로 되돌려준다. 대기 중의 수증기는 지구를 따뜻하게 감싸는 외투와 같다. 대양에 사는 식물성 플랑크톤의 생활공간이 된 물은 엄청난 양의 온실 기체인 이산화탄소를 묶어둔다. 학자들은 이 요인들이 서로, 또는 햇빛의 변화나 대기 구성의 변화 등 다른 요인들과 어떻게 협력하는지 알고자 복잡한 컴퓨터 시뮬레이션을 이용해 연구를 계속하고 있다.

> 눈 속에 남은 어제의 흔적

빙하기에는 적도와 북극해 사이에서 해류가 어떻게 흘렀는지 컴퓨터 시뮬레이션으로 재현해볼 수 있다. 왜 이 빙하기의 와중에 수시로 냉난방 장치가 가동되었을까? 지구의 냉난방 장치를 해독할 수 있게 된 이후 학자들은 수시로 오르락내리락하는 냉난방 장치의 변덕에 놀라움을 금치 못한다. 그린란드의 얼음은 바로 그런 변덕을 기록한 기상 박물관이다. 몇만 년 이상 층층이 쌓인 눈을 시추하여 연구하면 기후의 역사를 파악할 수 있다. 연간 강수량은 물론이고 얼음 속에 갇힌 기포를 통해, 그 기포가 막 내린 눈을 에워싸고 있었을 당시의 대기에 대해서도 알 수 있다.

찾아보기

옮긴이 장혜경
연세대학교 독어독문학과를 졸업하고 동 대학원에서 박사과정을 수료했다. 독일 학술교류처(DAAD) 장학생으로 독일 하노버에서 공부했다.
옮긴 책으로는 『생명의 설계도를 찾아서』 『강한 여자의 낭만적 딜레마』 『이야기로 읽는 부의 세계사』 『식물동화』 『고령사회 2018』 등이 있다.

불, 물, 흙, 공기

초판인쇄 2007년 7월 16일 | 초판발행 2007년 7월 27일

엮은이 롤프 에머만, 라인홀트 올리히 | 옮긴이 장혜경 | 펴낸이 김정순 | 책임편집 오동규 한아름 | 펴낸곳 (주)북하우스
출판등록 1997년 9월 23일 제406-2003-055호 | 주소 413-756 경기도 파주시 교하읍 문발리 파주출판도시 513-8
전자우편 editor@henamu.com | 전화번호 031)955-2555 | 팩스 031)955-3555

ISBN 978-89-5605-193-2 03450